공간환경과 유니버설 디자인

오찬옥 · 김민경 공저

머리말

이 책은 다음의 글을 포함한 故 오찬옥 교수님의 유고를, 고인과의 마음속 대화를 통해 정리하고 필요한 부분은 수정한 것입니다.

"유니버설 디자인이란 용어를 처음 들은 것은 1990년대 중반으로 기억된다. 그때까지만 해도 우리나라에서는 '노인을 위한 디자인' 또는 '장애인을 위한 디자인' 등의 특별한 디자인에 대한 관심이 조금씩 커지고 있을 때였다. 그러나 이러한 것을 포괄하는 유니버설 디자인이 앞으로 우리 공간환경 관련 전문가들이 추구해야 할 미래 방향이라고 생각하였다.

유니버설 디자인과 관련된 자료들을 보면 그 개념과 원리 등에 대한 이해는 쉽게 되지만 이를 실제 공간환경 디자인에 적용하려면 어떻게 하여야 할지 명확하지 않다. 따라서 학생들은 물론 많은 실무가들이 유니버설 디자인과 무장애 디자인(Barrier free), 접근가능한 디자인, 장애인을 위한 디자인, 노인을 위한 디자인 등과 혼동하여 사용하고 있다.

본 내용은 그동안 미국과 일본 및 유럽에서 개최된 유니버설 디자인 학회에 참석하여 수집한 자료들과 해외 답사를 다니면서 유니버설 디자인 사례로 판단하고 찍어온 사진들을 정리하는 기회로 삼고자 하였다. 국가별로 정리하다 보니 유사한 사례들이 반복되는 경우도 있었고, 무엇보다 오랜 시간이 지나 사진을 찍을 당시에 비하여 새롭지 않은 사례도 많았지만, 그동안의 과정을 정리한다는 생각에서 모두 포함시켰다."

이 책을 통해서 고인의 치열하고 성실했던 학문의 길을 조금이라도 더듬어 볼 수 있다면 큰 기쁨이며 미진한 부분은 전적으로 아직 부족한 제자의 탓임을 밝혀둡니다. 본 책이 공간환경 디자인을 공부하는 학생들과 관련 전문가 및 실무자들에게 조금이나마 도움이 되길 바랍니다.

2023년 10월 연구실에서
오찬옥 교수님 제자 김민경

목차

2부
유니버설 디자인의 방법

제3장 | 유니버설 디자인의 원리

제4장 | 유니버설 디자인의 과정과 방법

제5장 | 유니버설 디자인 관련 법규

3부
유니버설 디자인 적용사례

제6장 | 미국의 유니버설 디자인 사례

제7장 | 일본의 유니버설 디자인 사례

제8장 | 유럽의 유니버설 디자인 사례

부록

1부

유니버설 디자인의 개요

제1장. 유니버설 디자인의 개념과 등장배경

제2장. 유니버설 디자인의 특성

제1장 유니버설 디자인의 개념과 등장배경

01 유니버설 디자인의 개념

우리가 생활하는 주변환경을 돌아보면 아래와 같이 난처한 상황에 놓이게 되는 상황들이 종종 발생하고 있다. 최근에 들어서는 고령화 현상과 장애인의 증가 등으로 이러한 현상을 더욱 자주 접할 수 있다. 유니버설 디자인이 필요한 상황들이다.

- 아이가 탄 유모차를 갖고 계단을 올라가야 하는 사람.
- 도로 연석으로 인하여 방해를 받고 있는 휠체어 사용자.
- 발을 다쳐서 목발을 짚고 있는 사람.
- 지팡이에 의지해 걷고 있는 맹인.

- 키가 작아서 자판기의 높은 곳에 위치한 버튼을 누를 수 없는 어린이.
- 자동차가 뒤에서 빵빵거리는 소리를 듣지 못하고 걷고 있는 청력장애인.
- 방문 국가의 언어를 모르는 외국인 방문객.
- 도로 중간에 움푹 파인 곳이 있어 불편해 하는 자전거 타는 사람.
- 무거운 짐을 들고 가는 사람.
- 임산부.

실제로 휠체어 사용자와 고령자 등은 아래 상황들 때문에 외출을 기피하는 경향을 보이고 있다. 유니버설 디자인은 이러한 모든 사람들을 도와준다.

- 길을 가다 휠체어 바퀴가 하수구 구멍에 끼일까봐 걱정된다.
- 신호등을 건너다 중간에 빨간불로 바뀔 때가 있어 긴장된다.
- 화장실은 있지만 사용할 수 없는 경우가 많아서 항상 걱정된다.
- 버스를 탈 수 없어서 외출하기가 꺼려진다.
- 건물에 들어가려면 계단이 있어 들어갈 수가 없다.
- 친구 집은 현관부터 계단이 있고 화장실도 사용할 수 없어 갈 수가 없다.
- 장소에 대한 인지력이 떨어져 길을 잃을까 걱정되어 외출이 꺼려진다.
- 표지판이 너무 높아 볼 수 없고 글씨가 작아 잘 보이지 않는다.

1) 유니버설 디자인이란?

유니버설 디자인(Universal Design)이라는 말은 미국의 건축가인 Ronald L. Mace(그림 1-1)가 처음 사용한 용어로 그는 유니버설 디자인을 다음과 같이 정의하고 있다.

그림 1-1 Ron Mace

"어떤 변형이나 특별한 디자인에 대한 요구 없이
최대한 모든 사람들이 사용할 수 있는 제품 및 환경디자인"

"Universal design is the design of products and environments
to be usable by all people, to the greatest extent possible,
without the need for adaptation or specialized design."

Roberta L. Null 박사(1996)는 "유니버설 디자인은 최대한 모든 사람들에게 유용한 제품, 건물 내부공간, 외부공간을 디자인하는 것"이라고 하였다. Null 박사는 '신체적 장애(physical disability)'와 '환경적 장애(environmental handicap)'는 다르며, 환경적 장애를 없애주는 디자이너는 장애인이 일상생활에 완전하게 통합되게 도와줄 수 있다고 하였다. 이는 곧 장애라는 것은 우리 인간이 조성한 인위적인 환경으로 인하여 나타난다는 것으로, 환경을 잘 계획하여 조성하면 장애는 줄어들 수 있다는 것이다. 즉 다양한 특성을 가진 인간에 대한 배려를 토대로 환경을 조성하게 되면 환경적 장애가 제거될 수 있다는 것이다(그림 1-2).

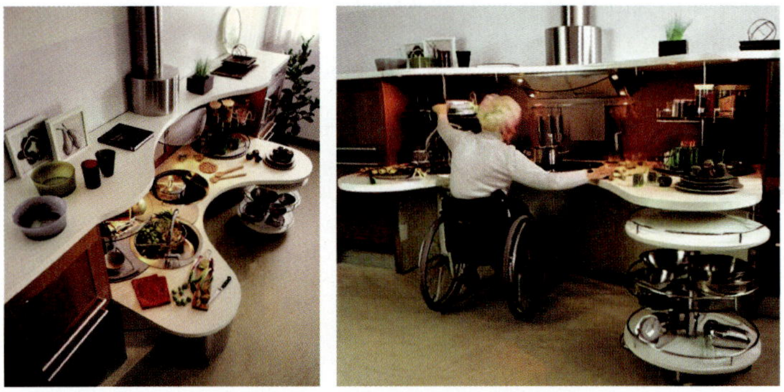

그림 1-2 유니버설 디자인 부엌 사례

유니버설 디자인에 대한 개념을 정리해 보면 다음과 같다.

- **모든 사람을 위한 디자인(Design for all People)이다.**
  연령, 성별, 신체적 특성, 장애유무, 인종 등에 상관없이 모두가 동등하게 사용할 수 있는 환경과 제품을 디자인하는 것을 말한다. 환경과 제품을 디자인할 때 대표적인 집단에 맞추어 디자인하는 것이 아니라 소수라도 이 세상에 존재하는 모든 사람에 대한 배려가 필요하다는 것이다.

- **다양성을 위한 디자인(Design for Diversity)이다.**

  다양성을 수용하는 디자인이다. 여기에서 다양성이란 인간이 갖고 있는 다양한 특성은 물론 다양한 상황까지도 포함한다. 인간마다 선천적이든 후천적이든 다양한 특성을 갖고 있고 또 다양한 상황에 놓일 수 있으므로 이러한 점들을 모두 수용하도록 디자인하는 것이 유니버설 디자인이라는 것이다.

- **사용자 중심 디자인(User focused design), 인간중심 디자인(Human focused design), 모든 사용자를 존중하는 디자인이다.**

  유니버설 디자인은 결국 환경이나 제품 사용자인 모든 인간을 위한 디자인이며 모든 인간을 존중하는 디자인이다. 이는 디자인이 존재하는 이유가 인간 즉 사용자를 위해서이므로 사용자가 편리하게 사용할 수 있는 디자인이 되어야 한다는 것이다.

- **동등성을 추구하는 디자인(Design for Equivalence)이다.**

  인간 모두는 동등하며 따라서 동등한 환경에서 동등한 대우를 받으며 살아가야 한다는 개념이 기본이 된다. 이는 자유와 동등성이라는 민주주의 기본 사상과 관련된 것으로 모든 인간은 동등한 서비스가 제공되는 동일한 환경에서 살아갈 권리가 있다는 것이다.

유니버설 디자인의 개념을 이해하고 실행할 때 중요한 사항의 하나는 “Separate is not equal (격리시키는 것은 동등한 것이 아니다)”로 동등성을 표현하는 말이다. 유니버설 디자인은 물리적 환경, 즉 장애물의 제거에만 초점을 두는 것이 아니라 인간 상호작용도 포함한다는 것이다. 단순히 물리적으로 사용가능한 공간만 만들면 되는 것이 아니라 위치나 디자인의 질적 특성 등으로 인하여 사용자가 느끼게 되는 차별받고 있다는 생각이나 다르다는 생각이 들게 하는 것은 유니버설 디자인이 아니라는 것이다.

여기에 해당하는 대표적인 사례는 건물의 후면에 위치한 휠체어 장애인용 출입구이다. 휠체어 장애인은 건물에 들어갈 때 건물 정면에 위치한 정문이 아니라 후면에 위치한 후문을 이용해야만 하게 함으로써 또 하나의 차별을 초래하기 때문이다. 유니버설 디자인은 휠체어 장애인도 다른 사용자들과 마찬가지로 건물 정면에 위치한 정문을 통해서 건물에 들어갈 수 있게 함으로써 동등한 사용 기회를 제공하는 것이다. 또 다른 사례는 경사진 공간에서 계단과 경사로를 혼합하여 위치시켜 계단 사용자와 경사로 사용자가 함께 또는 가까이서 이동할 수 있게 하는 경우이다(그림 1-3). 장애인 등 다양한 특성을 가진 사람들에 대한 배려를 하되 단순히 이들이 사용가능한 환경의 제공만을 고려할 것이 아니라 이들이 그 환경을 사용하면서 느끼는 환경심리적인 동등성까지도 고려하여야 한다는 것이다.

그림 1-3 동등성을 위한 디자인 사례

- **특별한 디자인(Special Design)이 아니라 보편적인 디자인(Universal Design)이다.**

  유니버설 디자인은 장애인을 위한 특별한 디자인, 또는 노인을 위한 특별한 디자인, 아동을 위한 특별한 디자인 등이 아니라 장애인, 노인, 아동 등은 물론 보통 사람까지도 포함하는 모든 인간을 포함한 모두를 위한 디자인이라는 것이다. 특별한 디자인은 특별한 사람만을 위한 디자인이므로 또 하나의 차별이나 격리를 초래할 수 있다. 따라서 특별한 사람들을 배려하되 특별한 사람들만이 아닌 다른 사람들도 동등하게 사용할 수 있도록 디자인하여야 한다는 것이다.

- **포용적 디자인(Inclusive Design)이다.**

  디자인에 의한 인간의 존엄성과 평등 실현, 그리고 사회적 포용에 중점을 둔 디자인이다. 이는 영국 등 유럽지역에서 주로 사용되는 용어로 다양한 모든 사람을 포용한다는 점을 강조한 표현이다.

- **평생 디자인(Lifespan Design)이다.**

  인간이 태어나서부터 나이가 들어 고령이 될 때까지의 전 과정을 고려한 디자인이라는 것이다. 대부분의 공간환경 사용자가 특정 연령계층에만 한정되기 보다는 모든 연령층이 포함되므로 이에 대한 배려가 필요하다는 것이다. 따라서 디자이너는 디자인하는 공간을 사용자 개개인의 일시적인 장애기간을 포함하여, 전체 생활주기를 고려하여 유니버설 디자인을 하여야 한다(표 1-1, 그림 1-4).

< 표 1-1 연령별 신체특성 변화 >

연령	신체적 특성	
1세	• 걷기 시작	• 의사소통 시작
10세	• 팔, 어깨 등 근육조절능력이 빠르게 발달	
20세	• 시력 최고 시기 • 직감, 재치 최고	• 기억력 높음 • 섬세하고 빠른 작업능력이 최고 발달
10세	• 섬세하고 빠른 작업능력이 최고 발달	
35세	• 시력 저하시작 • 육체적 정신적 지구력 강함	• 종합적 시스템적 창조력 높은 시기
50세	• 노인 시작 시기 • 아침 일찍 기상 • 손 기능 저하	• 청력 저하 시작 • 추위 잘 탐
65세	• 녹내장 등 눈 관련 질병발생 높음 • 고음 듣기 어려워짐 • 욕조 사용 시 보조손잡이 필요	• 노안 안경 필요 • 행동 느려짐
80세	• 기력이 쇠해짐 • 둥근 문손잡이나 수도꼭지 돌리기 어려움 • 지팡이나 벽에 의지해 걸음	• 큰 소리라야 의사소통 가능

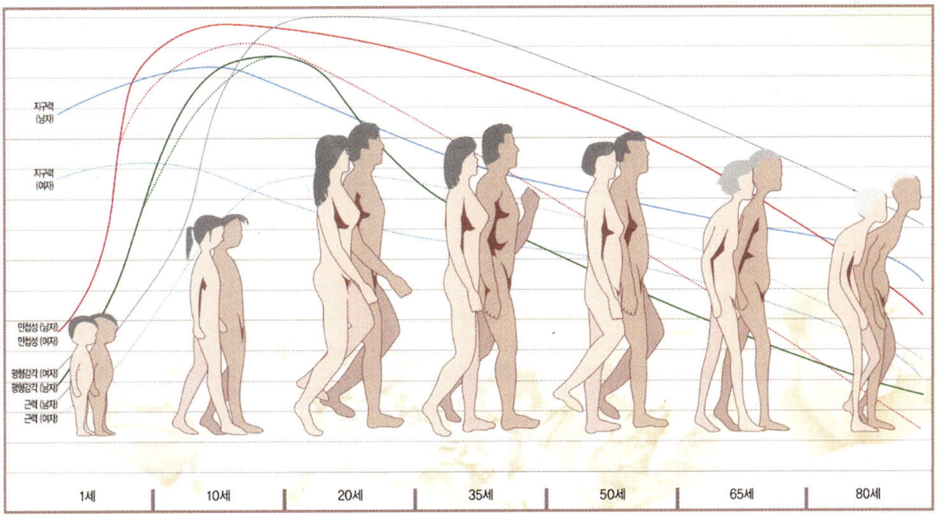

그림 1-4 연령에 따른 신체 변화

- **사회적 디자인(Social Design)이다.**

유니버설 디자인은 물리적 측면에만 중점을 두는 디자인이 아니라 인간 상호작용과 교육, 복지, 정보, 서비스 등 사회적 환경의 정비와 인간의 환경심리적 측면까지를 포함하는 사회적 디자인(Social Design)이다. 사회적 디자인이라는 말은 최근에 많이 사용되는 것으로 교육을 받을 기회가 없는 소외된 지역의 사람들에게 필요한 제품이나 환경을 디자인해 주는 것이다. 많은 경우 지역주민들이 같이 참여하는 과정을 통하여 학교나 커뮤니티공간, 주택 등의 생활공간을 제공해 주고 있다. 2016년에 프리커(pritzker)상을 받은 퀸타몬로이(Quinta Monroy)가 반쪽 주택을 지어 빈곤에서 벗어나게 해준 경우처럼 특히 저소득층이나 제3세계의 낙후된 환경에서 살면서 지식과 정보로부터 소외된 자들에 대한 배려와 포용을 강조한다(그림 1-5).

그림 1-5 Quinta Monroy의 반쪽주택

- **궁극적으로 굿 디자인(Good Design)이다.**

이러한 모든 것을 고려하는 유니버설 디자인은 결국 디자인분야에서 최고의 목표로 생각하고 있는 '굿 디자인'이라고 볼 수 있다.

2) 무장애 디자인(Barrier-free design)과 유니버설 디자인의 비교

유니버설 디자인이 등장하면서 그 이전부터 사용되어 오던 무장애 디자인과 혼용되고 있는 경우가 많다. 따라서 이들에 대해 비교설명하면 다음과 같다.

(1) 무장애 디자인(Barrier-free Design)

무장애 디자인은 1950년대 후반에 사용되기 시작한 개념이다. 인위적인 물리적 환경에서 장애인을 위해 장애물을 제거하려는 것이다. 무장애라는 용어는 장애인만에 의한 사용을 나타내 주는 특성을 담고 있으므로 부정적으로 받아들여진다. 이는 장애인, 노인 등 신체적 장애를 가진 사람이 대상이며, 주로 장애를 제거한 접근성 및 안전성과 관련된 문제를 고려한다. 장애인만을 위한 장애인 전용 화장실(그림 1-6), 휠체어 사용자를 위한 리프트 등이 대표적인 예이다.

그림 1-6 장애인 전용 화장실

무장애 또는 접근가능한 디자인의 근원은 재활분야에 있다.[1] 2차 세계대전 후에 의사와 치료사들이 심각한 장애가 있는 많은 사람들에게 자립적으로 일상생활을 할 수 있을 정도로 신체적 기능과 기술을 성공적으로 제공해 주었다. 그러나 재활센터 밖의 환경은 이동에 장애가 되는 것을 제거하지 않고는 자립적인 생활을 할 수 없다는 것을 발견하였다. 무장애 디자인은 치료철학에 근거를 둔 것으로 목적은 장애인이 더욱 자립적이 될 수 있는 환경에 개입하는 것이다.

(2) 유니버설 디자인(Universal Design)

유니버설 디자인은 무장애 디자인이나 접근성 디자인보다 포괄적인 개념이다. 단순한 물리적 해결책만이 제안이 아니라 사회적, 심리적 측면까지를 포함하는 광범위한 범위를 포괄한다. 모든 사람이 대상이 되며, 물리적 환경과 사회적 환경의 가치 모두를 제고한다. 또한 접근성, 안전성, 지원성, 경제성, 심미성, 친환경성 등을 고려한다. 장애인이나 유아를 동반한 가족 등을 포함한 모든 사람이 사용편리한 화장실이 그 예이다(그림 1-7).

---

1) Steinfeld, Edward & Tauke, Beth (2002). Universal Designing. In Christophersen, Jon (Ed.), Universal Design. Husbanken, p.165

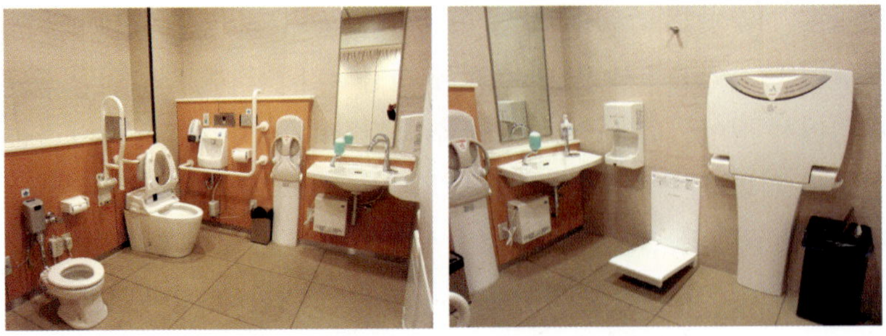

그림 1-7 장애인을 포함한 모두를 위한 화장실

유니버설 디자인은 단순한 장애물의 제거 이상에 관심이 있다. 유니버설 디자인은 디자인을 통해서 차별을 없애고자 하며 사회의 모든 구성원들이 완전한 사회적 참여를 할 수 있도록 지원해 준다.

따라서 특수한 집단의 사람들에게만 관심이 있는 무장애 디자인과 달리 유니버설 디자인은 전체 사람들의 이득에 관심을 둔다. 또한 접근가능한 디자인의 순수하게 기능적인 목표와는 다르게 유니버설 디자인은 물건의 외관이 사회적 지각에 어떻게 영향을 미치는지에 관심을 둔다. 궁극적으로 유니버설 디자인은 물리적인 장애물을 없애는 것 이상으로 장애를 보편적인 상태, 우리 모두가 공유하는 차이의 상태인 것으로 재정의하는 것을 포함하는 시각을 갖고 있다.

02 유니버설 디자인의 주요 대상

유니버설 디자인을 할 때 주요 대상자는 다음의 8개 집단으로 구분해 볼 수 있으며 이 외에도 더 추가될 수 있다.[2)]

- 전형적인 기능상의 제한을 갖고 있는 것으로 정의되지는 않지만 신체 모양이나 키 때문에 일시적 및 영구적으로 기능상 제한이 있는 사람.
  임산부, 미혼모, 아동, 전형적인 인간특성의 분포에서 벗어난 사람(키가 지나치게 작거나 큰 사람, 지나치게 마르거나 뚱뚱한 사람)

- 자신에게 의존하고 있는 사람이 있고 그들의 케어 활동을 지원해 주는 환경을 통해 직접적으로 이득을 받거나 간접적으로 그들이 돌보는 사람이 더 의존적일 때 케어 제공자의 부담을 줄여줌으로써 이득을 받는 케어 제공자들.
  어린 아이가 있는 가족, 장애인이 있는 가족, 케어를 해주는 노인의 배우자, 유모 같은 전문적인 케어 제공자.

- 사회적 장애물을 접하고 있으며 운동활동, 지각, 인지에 제한이 있는 자폐증, 알츠하이머, 만성적 우울증과 같은 사회심리적 상태에 있는 사람

- 알콜, 약물의존, 또는 지각이나 인지를 바꾸어 놓는 약물 때문에 행동이나 기능에 제한이 있는 사람

- 언어, 음식, 정상적인 사회적 상호작용, 관련 공간행동에 있어서의 차이를 포함하는, 대다수 사람이나 주최국의 경우와 다른 문화적 전통, 선호, 기대를 가진 소수인종집단이나 외국인 방문객

- 주택의 위치와 제한된 움직임으로 서비스와 자원에의 접근이 어려움을 종종 경험하는 저소득 및 중소득 계층

---

2) Steinfeld, Edward & Maisel, Jordana L. (2012). Universal Design : Creating Inclusive Environments. John Siley & Sons, Inc., pp.51-52

- 문화적으로 정상적인 생활환경으로부터 벗어나 있으며, 정치적인 불안, 전쟁, 또는 자연재해와 같은 극단적인 사건으로 인하여 임시적인 주거상황에 있거나, 취약하거나 노출된 상태에 있는 사람

- 인위적으로 이동의 자유와 커뮤니티 자원에의 접근이 제한될 수 있는 특수한 서비스가 있는 보호환경을 필요로 하는 학대받는 배우자, 아동, 또는 노숙자

03 유니버설 디자인의 등장배경

유니버설 디자인은 미국에서 처음으로 등장하게 되었으며 그 배경을 보면 다음과 같다.[3)4)]

1) 인구구성의 변화

20세기 초에는 노인과 장애인은 소수에 불과하였었으나 시간이 지나면서 그 비중이 증가하였으며 이 추세는 계속될 것으로 전망되었다. 오늘날 건강한 생활조건, 의료기술과 약품의 발달 등으로 사람들의 평균 수명이 길어지면서 고령자의 비중이 지속적으로 커지고 있다. 또한 산업발달에 따른 후천적인 이유에서 장애인의 수도 증가하고 있다. 이들에 대한 다방면에서의 배려가 요구되고 있었다는 것이다.

2) 연방정부의 법 제정

유니버설 디자인은 1960년대 후반에 시작된 미국의 장애인 권리운동으로부터 생겨났다. 장애인 권리운동은 장애인에게 동등한 기회를 주고 장애로 인한 차별을 없애서 장애인을 사회의 주류에 포함되도록 하는 것이 목표였다. 이를 위한 주요 활동은 건축물과 디지털 정보환경에의 접근 및 사용에 있어서의 장애물을 제거하는 것이었다. 즉 1960년대 시민권 옹호운동의 하나로 건축물 이용의 편리성을 요구하게 되고 유니버설 디자인은 이 법이 더 발전된 개념으로 특별한 욕구를 가진 자들의 차별화가 아니라 모든 사람을 위한 통합적인 디자인 개념이다.

1968년 연방정부법은 연방정부의 재원으로 지은 건물은 장애인에게 접근성을 제공하도록 하였으며 커뮤니티의 물리적 특성을 바꾸려는 투쟁이 시작되어 아직도 계속 되고 있다. 다른 차별과 달리 장애인에게 환경디자인의 디테일들은 결정적인 역할을 한다. 이러한 움직임은 초기에는 공공시설에 중점을 두었지만 주택, 직장, 대중교통, 인터넷을 통한 커뮤니케이션 시스템에 이르기까지 확대되어 왔다.

---

3) Null, Roberta L. & Cherry, Kenneth F. (1996). Universal Design : Creative Solutions for ADA Compliance. Professional Publications Inc., p.2

4) www.udinstitute.org/ud-history

- ADA(Americans with Disabilities Act, 미국 장애인법)

미국 장애인법은 1964년 시민권법의 연장으로 1990년 통과되었다. 시민권법이 인종, 피부색, 국적, 성별, 종교에 대한 보호를 규정한 것과 동일하게 ADA는 직장, 공공시설, 주와 지방정부의 서비스, 전기통신 서비스 영역에서 장애에 의한 차별로부터 보호를 해준다.

ADA와 시민권법과의 중요한 차이는 시설은 신체적으로나 정신적으로 장애가 있는 사람들이 완전한 참여를 하도록 모든 장애물을 제거하여 만들어야 한다는 것이다. 장애에 대한 관점이 바뀌는 것을 반영해 주는 것이다. 장애는 신체적이나 정신적인 장애가 있는 사람에 의해서가 아니라 환경이나 태도에 있어서의 장애물에 의한 것이라는 것이다. ADA는 미국인들이 그러한 장애물을 제거하는 방법을 찾아 장애의 영향을 최소화하고 역사적으로 고립되고 무시된 집단에게 동일한 기회를 제공할 것을 촉구한다.

미국 장애인법에서 다루고 있는 내용들 중 유니버설 디자인과 관련된 내용들은 다음과 같다.

» 고용분야

- 장애인을 고용하여 일할 수 있는 환경

» 공공서비스분야

- 장애인에게 모든 서비스와 프로그램 및 활동에의 동등한 접근 보장

» 공공시설 및 서비스(민영)

- 제거하기 쉬운 경우 기존 시설과 기존의 건축, 의사소통 및 교통수단 장애물을 제거해야 한다. 단, 제거가 용이하지 않은 경우, 동일한 종류의 대안적인 서비스 제공

» Telecommunication

- 언어 및 청각 장애자에게 대안적인 의사소통 장치 제공

이를 보다 구체적으로 보면 다음과 같다.

1960년대 시민권 운동과 후에 있었던 여성운동이 장애시민권 운동에 영감을 주어 1970년대에 시작되는 법규에 크게 영향을 주었다. 새로운 법은 장애인에 대한

차별을 금지하였으며 교육, 공공시설의 장소, 텔레커뮤니케이션, 교통에의 접근성을 제공해 주었다.

1950년대의 무장애 운동은 공공정책과 디자인 실무에 있어서의 변화과정을 시작하게 하였다. 무장애 운동은 시설화된 건강케어와 관리보다는 교육과 취업의 기회를 만들려는 장애 재향군인과 장애인 대변인들의 요구에 대한 반응으로 설립되었다. 환경에 있어서의 물리적 장애물이 이동 장애인에게 강한 차별이라는 영향을 주는 것으로 인식되었다.

재향군인관리국의 노력과 장애인 취업에 관한 대통령위원회 등은 "무장애"건물 국가기준을 개발하였다. 1961년 미국표준협회는 "A 117.1 - 지체장애인에게 접근가능하고 유용한 건물 만들기"라고 하는 최초의 접근성 기준을 발행하였다. 그러나 이들 기준은 강제적이 아니었으며 주나 지방입법기관에서 받아들여야 효력이 있었다.

많은 주들이 자체적으로 접근성 기준을 만들어 대응하였다. 1966년까지는 30개 주가, 1973년에는 49개 주가 접근성법을 통과시켰다. 각 연방정부기관은 추가적인 규칙과 기준을 통하여 최소한의 접근성을 제공하고자 하였다. 이들 연방정부의 지침을 "표준화"하려는 시도는 ANSI세부조항들이 UFAS (Uniform Federal Accessibility Standard)에 통합될 때인 1984년에 발생하였다.

1960대 후반에 중요한 연방정부법이 통과되기 시작하였으며 여기에는 다음과 같은 사항들이 포함되었다.

» **1968년 건축 장애물법**은 장애인의 취업에 가장 장애가 되는 것을 제거하기로 하였다. 그들이 직장에서 사용해야만 하는 건물과 시설의 물리적 디자인. 이 법은 연방정부의 지원을 받아 디자인하고 건축하고 변경하거나 임대된 모든 건물을 접근가능하게 할 것을 요구하였다.
» **1973년 재활법의 section 504**는 장애인을 위한 최초의 시민권법이었다. 이 법은 장애에 기초한 차별은 불법이라고 하였으며 이를 연방정부기관, 공공도서관, 연방정부 계약자와 기타 기관들, 또는 연방정부 지원을 받는 활동에 적용하였다. 법의 공표는 본래 미국 건강교육복지부에서 멈추어 있었다. 이에 항의하

여 장애인권 옹호자들은 수많은 설명을 하였으며, 그 결과 1977년에 최종적으로 법이 나오게 되었다.

» **1975년의 장애아동교육법**은 모든 장애아동들에게 자유롭고 적절한 교육을 보장하였다. 이 법은 교육 프로그램 뿐 아니라 시설에도 영향을 주었다.

» **1988년의 공정주택 개정법**은 장애아동과 장애인이 있는 가족을 포함하도록 1968년의 시민권법의 포괄범위까지 확장되었다. 이 법은 신축하는 공공 및 민영 공동주택 모두에 접근가능한 주거세대를 4세대 이상 둘 것을 요하였다. 접근성 지침은 미국 주택도시개발부에서 1991년에 공표하였다.

1990년의 미국장애인법(ADA)은 장애인의 시민권에 대한 대중의 인식을 확산시키는데 작용하였다. 이 법은 취업, 공공시설 내 장소에의 접근성, 서비스, 프로그램, 대중교통, 텔레커뮤니케이션에 있어서의 차별을 금지하고 있다. 접근을 방해하는 물리적 장애물은 그것이 어디에 존재하든 제거되어야 한다. ADA는 지방에서의 태도에 상관없이 전국적으로 접근성의 기본 수준을 보장한다. 건축 및 교통 장애물규정준수(미국 접근성부)는 1991년에 접근가능한 디자인을 위한 접근성 지침을 공표하였다. 이들 지침은 미국 사법부가 수정을 거쳐 적용하였으며 접근가능한 디자인을 위한 ADA 집행기준이 되었다.

1996년의 전기통신법은 전기통신 서비스와 설비 및 고객은 "장애인도 접근가능하고 사용가능하도록 디자인되고 개발되고 제작된"설비를 약속한다. 그것은 전화에서 TV프로그래밍, 컴퓨터에 이르기까지 모든 종류의 전기통신 기기와 서비스에 적용된다.

연방정부법은 작은 비중의 시설과 특성에 최소한의 접근성을 요구하는 것으로 시작하였으며 주로 연방정부 시설이나 연방정부자금으로 디자인과 건축 또는 임대료를 받고 있는 단체에 적용하였다. 이 법은 공공 및 민영 프로그램과 시설에 완전한 서비스를 제공해 주는 것까지 발전하였으며 주택에서의 도구와 서비스에 영향을 주기 시작하였다. 2004년에 조화를 지원하기 위한 노력에서 미국 접근성부는 미국 장애인법과 건축 장애물법에 따라 사용할 수 있도록 접근성 지침을 개정하였다. 2009년 초에 미국사법부가 최종 승인하였다. 2008년에는 미국장애인법의 재인증이 있었으며 2009년 초에는 개정된 2008년 ANSI기준(ICC/ANSI A117.1)도 유용해 졌다.

3) 무장애 디자인에서 유니버설 디자인운동

초기에 무장애 디자인과 건축의 접근성 옹호자들은 장애인과 비장애인의 공통된 일상적 욕구에 중점을 둔 개념이 갖고 있는 법적, 경제적, 사회적 힘을 인지하였다. 건축가들이 기준을 따르기 위하여 애쓰기 시작하면서, 격리된 접근가능한 특성은 "특별하고," 비용도 더 많이 들며 보통 미적으로 매력이 없으며 종종 오명을 받게 되는 것이 명확해졌다. 또한 장애인을 수용하도록 하는 많은 환경적 변화는 실제로 모두에게 이득이 되었다는 것이 분명해졌다. 많은 이러한 특성들은 보통 제공될 수 있으며 따라서 덜 비싸고 라벨이 없으며 매력적이고 시장성도 있다는 것에 대한 인식이 유니버설 디자인운동의 토대이다.

4) 재활공학(Rehabilitation Engineering)과 보조기술(Assistive Technology)

재활공학과 보조기술은 20세기 중반에 나타났다. 인공기관과 보조기학을 개선하기 위한 노력이 수천만 명의 2차 세계대전 장애 참전용사들이 귀환하는 1940년대에 강화되었다. 1950년대 동안엔 재향군인관리국과 기타 연방정부기구들이 후원하는 공학연구센터가 설립되어 커뮤니케이션, 이동, 교통을 포함하는 재활의 기술적인 문제에 집중하였다. 재활공학센터는 1960년대와 1970년대에 확장되었다.

재활공학은 과학적인 원리와 공학적 방법론을 이들 문제에 적용시키는 전공이 되었다. "보조기술"이라는 라벨은 장애인의 신체적, 감각적, 인지적 능력을 향상시키고 그들이 그들의 요구에 무관심한 환경에서 더욱 자립적으로 기능하도록 도와주도록 특별하게 창조된 개인용도의 장치에 적용되었다.

- 교차점

아주 다른 역사와 방향에서 나온 것이라 해도, 유니버설 디자인과 보조기술의 목적은 동일하다. 장애인과 비장애인간의 물리적 및 태도적 장애물을 줄이는 것이다.

유니버설 디자인은 장애인을 주류에 통합시키려고 노력하고 보조기술은 개개인의 특수한 욕구를 충족시키려고 노력하지만 두 분야는 중간에서 만난다. 사실 그것들이 교차하는 지점은 제품과 환경이 명확하게 "유니버설"하거나 또는 "보조적"이지 않지만 각 유형의 디자인 특성을 갖는 회색존이다. 많은 제품들은 옥소 인터내셔날의 "Good Grips"으로 유명해진 두꺼운 그립이 있는 주방용품과 같이, 종종 보조 장치로 시작하여 주류의 제품이 되는, 크로스오버의 성공을 즐겨왔다. 몇몇 제품들은 다른 방식으로 움직였는데, 소리인식 소프트웨어 같이 재활장에서 새로운 적용분야를 발견하는 소규모 시장을 위한 하이테크 장치로 인식되는 것이 전형적이다.

두 분야의 전문가들 간에 협력을 하는 것이 갖는 잠재적인 이점은 신나는 일이지만 대부분 아직 손대지 않은 상태이다. 상업적인 디자이너들은 장애인과 노인의 인간공학에 친밀한 재활전문가로부터 많은 것을 배운다. 재활전문가와 고객들은 다양한 사용자들을 위하여 기능적이고 안전하며 매력적이고 시장성 있는 제품과 환경을 창조하는데 있어 디자이너의 전문성으로부터 이득을 받을 수 있다.

• 변화하는 경제

1980년대의 경제침체는 재활공학연구 및 환경 장애물 제거를 위한 지원금에 부정적인 영향을 미쳤다. 동시에 제품생산자는 더욱 수용하는 제품들이 시장을 확대할 잠재력을 갖고 있음을 인지하기 시작하고 있었다.

1988년 뉴욕의 현대미술박물관은 "자립적인 생활을 위한 디자인"이란 전시회를 개최하였다. 이 전시회는 작품들의 아름다움뿐 아니라 노인과 장애인의 욕구에 대한 배려에 맞는 것으로 선정된 제품들을 전시하였다. 선정된 제품에는 미국, 덴마크, 영국, 이태리, 네덜란드, 뉴질랜드 제품들이 포함되었다. 이를 계기로 상업계는 고령자와 장애인을 성공할 수 있는 고객으로 파악하기 시작하였다.

1990년 옥소 인터내셔널은 관절염이 있는 사람들을 위한 Good Grips 주방용품을 소개하였다. 보조 기술 공급자들을 통해 판매된 오버사이즈의 핸들이 달린 용품의 이점은 주로 미적인 것이었다고 해도, 이러한 평균 이상의 제품들은 곧바로 열정적인 청중을 발견하였다. 옥소 인터내셔널은 1990년에서 1995년 사이 1년에 2천만 달러에 이르는 연간 40%-50%의 성장을 하였다. 이에 다른 회사들도 재빠르게 옥소의 방식을 따라 하였다.

• 세계화

또 하나 나타나는 경제적 경향은 시장에서의 "세계화"가 증가하고 있다는 것이다. 다가오는 10년 동안 성공하기를 원하는 소비자 비즈니스는 세계 경쟁에 내재하는 기회와 도전을 인지하여야 한다. 잠재적인 소비자 시장의 규모가 성장하고 있는 동안, 소비자의 다양성도 동시에 언어와 문화, 관습, 경험, 역사적인 이전의 디자인에 있어서의 차이를 포함하도록 확장하고 있다. 이들 모두는 개개인의 능력과 선호에 민감한 디자인에 대한 요구를 증가시켜 준다. 합리적인 비용은 모든 디자인 및 생산과정에서 기본적인 문제이므로, 유니버설 디자인은 확장하는 시장에 근거를 두고 다수의 소비자들의 다양한 욕구에 중점을 두므로 유니버설 디자인은 매우 시장성 있는 접근방식이 되어 왔다.

• 변화하는 사회적 분위기

역사를 통해, 인위적 환경에 있어서의 커뮤니티 태도와 물리적 장애물은 장애인들이 사회에 완전하게 참여하는 것을 방해해 왔다. 교육, 직장, 주택, 오락, 문화적 이벤트, 교통에의 접근은 많은 사람들을 거절해 왔다. 장애인구의 성장과 함께 자립성과 동등권에 대한 탐구도 성장해 왔다.

보조기술 구매자들은 사용자의 이미지에 대한 영향뿐 아니라 기능에도 관심을 두고 디자인된 제품들을 요구한다. 장치들이 사무실이나 학교, 집, 커뮤니티, 휴가중에 사용하기에 적합하기를 기대한다.

유사하게, 베이비붐세대의 고령화되는 자들은 제한을 가진 사람들을 생각한 제품들의 유용성을 보기 시작하였다. 1990년 Peter Francese는 "더 많은 미국인들이 고령화가 될수록, 나이 드는 것을 폄하하지 않고 젊음을 제공하는 제품들은 잘 될 것이다. 이들 소비자들은 그들의 부모들과 같지 않다. - 그들은 노인은 추하다고 생각하지 않는다."라고 지적하였다. (American Association of Retired Persons)

• 미래

20세기 말의 세계는 100년 전과 매우 다르다. 사람들은 더 오래 살고 있고 더 높은 생활의 질을 유지마녀 살아가고 있다. 연령이나 장애로 인해 기능적으로 제한을 받을 잠재적인 디자인 소비자들은 극적인 비율로 증가하고 있다. 이들 인구들은 더 이상 중요하지 않거나 조용한 소수인이 아니다.

현재의 어린이 세대, 중년층에 들어가는 베이비부머, 고령자, 장애인, 상황에 의해 불편한 개개인이 시장의 대다수를 구성한다. 이들 구성인들 모두와 사실 모든 소비자들은 인정받고 존경받을 만하다. 시설, 장치, 서비스, 프로그램은 점점 더 다양한 의뢰인들을 위해 디자인되어야 한다.

우리를 이 시점까지 오게 한 인구학적, 법적, 경제적, 사회적 변화는 개개인의 현재 상황과 우리의 늘 변화하는 능력을 수용하는 제품과 환경을 개발하도록 탄력을 증가시키고 있다. 유니버설 디자인은 모든 사람들을 최대한 포용하기 위한 청사진을 제공해 준다.

제2장 유니버설 디자인의 특성

01 유니버설 디자인의 필요성

모든 공간환경을 디자인할 때 유니버설 디자인의 적용은 필수적이며 그 필요성은 다음과 같다.

- 노인과 장애인의 비중이 급속도로 증가하고 있다.
  저출산과 평균 수명의 연장 등으로 고령인구의 비중이 증가하고 있다. 우리나라의 고령화 속도는 다른 선진외국에 비하여 아주 급속하게 진행되고 있다. 전체 인구 중 65세 이상의 노인 인구가 차지하는 비중이 2020년 현재 15.7%(815만명)이며 2024년에는 1,000만명을 넘고 2070년에는 46.4%(1,747만명)이 될 것으로 통계청(2021)[1]은 전망하고 있다. 베이비붐 세대가 생산가능 인구에서 고령인구로 이동하는 2020년대에는 고령인구가 급증할 것으로 예상된다. 또한 2070년 생산 연령인구는 46.1%, 고령인구는 46.4%, 유소년인구는 7.5%를 차지할 것으로 보고 있다.

산업의 발달과 사회의 복잡화로 장애인의 수도 증가하고 있다. 보건복지부의 2022년 등록장애인 현황에 의하면 등록장애인의 수(표 2-1)는 2005년 1,699,329 명에서 2022년 2,652,860명으로 17년 사이에 약 95만 3천여 명이 증가하였다.[2] 장애의 원인은 전반적으로 후천적인 원인이 80.0%로 가장 높았으며 이중 질환(43.6%)과 사고(36.4%)가 특히 높았다.[3]

< 표 2-1 등록장애인 현황 >

(단위: 명)

장애유형	2005년	2015년	2022년
지체	923,183	1,281,497	1,176,291
뇌병변	154,614	250,862	245,477
시각	180,526	252,874	250,767
청각	151,184	250,334	425,224
언어	13,874	18,813	23,349
안면	1,311	2,685	2,725
신장	40,288	74,468	105,842
심장	12,226	5,833	5,078
간	4,583	10,324	15,066
호흡기	10,815	12,033	11,451
장루·요루	8,848	14,116	16,779
뇌전증	6,032	7,069	7,076

1) 통계청(2021), 장래인구추계 : 2020-2070년
2) 보건복지부(2023), 2022년 등록장애인 현황 통계
3) 보건복지부 & 한국보건사회연구원(2020), 2020년 장애인 실태조사

장애유형	2005년	2015년	2022년
지적	123,868	189,752	225,708
자폐성	8,754	21,103	37,603
정신	59,223	98,643	104,424
합 계	**1,699,329**	**2,490,406**	**2,652,860**
출처 : 보건복지부, 2022년 말 기준 등록장애인 현황 2005년의 경우 뇌전증이 아닌 간질장애인 수임			

장애는 크게 신체적 장애와 정신적 장애로, 신체적 장애는 다시 외부 신체기능의 장애와 내부기관의 장애로 분류된다(표 2-2). 과거 우리나라 장애범주는 지체, 시각, 청각, 언어, 지적장애에 국한되어 있었다. 1차 장애범주 확대(2000) 시에 뇌병변, 자폐, 정신, 신장, 심장장애 5종을 추가하였고, 2차 장애범주 확대(2003) 시에 안면변형, 장루·요루, 간, 간질, 호흡기장애 5종을 더 추가하였다. 이후 발달장애는 자폐성장애, 정신지체는 지적장애로(2007), 간질장애는 뇌전증장애로 명칭을 변경하였다(2015). 현재 총 15개의 장애유형(지체, 뇌병변, 시각, 청각, 언어, 안면, 신장, 심장, 간, 호흡기, 장루·요루, 뇌전증, 지적, 자폐성, 정신)이 존재한다.[4]

< 표 2-2 장애 유형 (장애의 종류) >

대분류	중분류	소분류	세분류
신체적 장애	외부 신체기능의 장애	지체장애	절단장애, 관절장애, 지체기능장애, 척추장애, 변형 등의 장애
		뇌병변장애	뇌의 손상으로 인한 복합적인 장애
		시각장애	시력장애, 시야결손장애, 겹보임(복시)
		청각장애	청력장애, 평형기능장애
		언어장애	언어장애, 음성장애, 구어장애
		안면장애	안면부의 추상, 함몰, 비후 등 변형으로 인한 장애

4) 오승연, 김석영, & 이선주. (2018). 장애인의 위험보장 강화 방안. 보험연구원 연구보고서, 1-104.

대분류	중분류	소분류	세분류
신체적 장애	내부기관의 장애	신장장애	투석치료 중이거나 신장을 이식 받은 경우
		심장장애	일상생활이 현저히 제한되는 심장기능 이상
		간장애	일상생활이 현저히 제한되는 만성·중증의 간기능 이상
		호흡기장애	일상생활이 현저히 제한되는 만성·중증의 호흡기기능 이상
		장루·요루 장애	일상생활이 현저히 제한되는 장루·요루
		뇌전증장애	일상생활이 현저히 제한되는 만성·중증의 뇌전증
정신적 장애	발달장애	지적장애	지능지수가 70 이하인 경우
		자폐성장애	소아청소년 자폐 등 자폐성 장애
	정신장애	정신장애	조현병, 조현정동장애, 양극성정동장애, 재발성우울장애, 뇌의 신경학적 손상으로 인한 기질성 정신장애, 강박장애, 투렛장애(Tourette's disorder), 기면증

- 기존의 공간환경은 젊은이와 비장애인을 위주로 조성된 공간이다.

우리 주변의 생활공간 대부분은 신체적인 불편함이 없는 젊은이들을 사용자로 보고 계획된 공간들이다. 1997년 「장애인·노인·임산부 등의 편의증진 보장에 관한 법률」이 제정되면서 일부 해당 시설들이 이를 적용하려 하고 있으나 이 법에서 규정하는 범위 내에서 최소한으로 적용하고 있는 것이 현 상황이다. 따라서 신체적인 불편함이 있는 노인이나 장애인 등 보통 사람의 특성에서 벗어나 있는 사람들은 공간환경을 이용함에 있어 많은 불편함을 감수하고 있다.

노인은 신체적, 정신적으로 약화가 진행되고 있는 시기이고 그 정도는 개인에 따라 다르지만 전반적으로 일반 젊은이와는 다른 지원적인(supportive) 공간환경이 필요하다. 그러나 노인이 일상생활을 영위하는데 필요한 대부분의 생활공간들이 일반 젊은이들의 사용을 전제로 계획된 공간들이므로 노인들이 이용하기에는 어려움이 있다. 따라서 일반주택과 구분되는 실버타운, 노인복지시설, 노인요양시설 등과 같이 노인만을 대상으로 하는 공간들이 별도로 존재하게 되었다. 노인의 특성을 반영하여 계획한 공간환경이라는 것이다. 그러나 노인인구의 비중이 지속적으로 증가하고 있음을 감안할 때 앞으로는 대부분의 생활공간들이 노인이 사용자의 일부임을 배려한 계획이 되어야 할 것이다.

장애인의 경우도 마찬가지이다. 현재 우리의 공간환경 대부분은 장애의 종류에 따라 다르겠지만 많은 장애인들이 혼자 이용하기 어렵게 되어 있다. 장애의 종류와 정도에 따라 이용가능한 공간이 제한되는 등 일상생활의 제한을 받고 있다. 장애인도 인간의 일부임을 고려하여 공간환경을 계획할 때 이들을 사용자의 범위에 포함시켜 계획하는 자세가 필요하다.

- **공간디자인이 노인과 장애인에게는 큰 장애물 및 차별요소가 되고 있다.**

많은 노인과 장애인 등이 공간디자인의 미흡함으로 인하여 생활반경이 주거공간으로 한정되고 있다. 특히 많은 장애인들이 자립적인 생활을 하지 못하고 있다. 사람들의 차별이 아닌 공간디자인의 잘못으로 인하여 차별받고 있는 것이다.

신체적인 불편함이 있거나 장애가 있는 노인이나 장애인이 교육을 받거나 일을 하려면 도로와 대중교통수단은 물론 해당 건축공간이 장애물이 된다. 따라서 특히 장애인은 공간디자인으로 인한 악순환이 계속되고 있다. 즉 교육공간이 장애인이 사용할 수 없게 계획되어 있어 학교교육을 받지 못하거나 기술도 배울 수 없게 되고, 교육을 받지 못하거나 기술이 없기 때문에 직장에 취업하지 못하게 되며, 이로 인하여 소득이 없게 되어 결국은 사회의 짐이 되는 것이다. 모든 장애인이 다 해당되지는 않겠지만 유니버설 디자인을 적용한 공간디자인의 개선은 많은 장애인이 비장애인과 동일하게 신체적으로나 경제적으로 자립생활을 할 수 있게 해줄 것이다.

- **유니버설 디자인은 노인과 장애인 등 모든 사람을 고려한 디자인을 말한다.**

유니버설 디자인은 미국의 지체장애인이자 건축가인 Ronald L. Mace가 만든 용어로 신체적인 결함이 있든 없든, 어린 아이건 노인이건 모든 인간이 사용할 수 있도록 하는 디자인을 말한다.

처음에는 평균적인 사람 즉 젊고 건강한 성인을 기준으로 한 디자인을 하였으나, 노인이나 장애인 등이 그러한 디자인을 사용하지 못하는 제한을 받게 되자, 노인을 위한 공간디자인, 장애인을 위한 디자인, 또는 무장애(barrier-free) 디자인이나 접근가능한(accessible) 디자인과 같이 특별한 디자인이 등장하게 된다. 그러나 이러한 특별한 디자인이 오히려 이들을 일반인과 격리시키고 차별하는 결과를 초래하게 됨을 인지하고 이에 대한 해결안으로 등장한 것이 유니버설 디자인(universal design)이다. 즉 모든 인간은 동등하며 따라서 동등한 대우를 받을 권리가 있다는 민주주의 개념에 기초하여, 특별한 디자인 개념을 모두 포함하는 더욱 포괄적인 개념인 유니버설 디자인이 등장하게 된다. 유니버설 디자인은 모두를 위한 디자인(design for all)으로 유아에서부터 노인에 이르는 모든 연령의 사람들이 그들의 신체적 특성이나 장애유무에 상관없이 사용할 수 있는 환경과 제품을 디자인하고자 한다. 즉 장애인이나 노인 등의 특별한 사람만을 위한 특별한 디자인이 아닌, 모든 사람에게 더 편리하고 안전한 디자인을 하고자 한다.

많은 사람들이 무장애 디자인, 지체장애인을 위한 디자인, 혹은 노인을 위한 디자인을 유니버설 디자인과 동일한 것으로 보고 있다. 유니버설 디자인은 이들 개념을 모두 포함하는 한 단계 상위의 개념이다. 즉 장애인이건 노인이건 젊은이건 다양한 모든 사람들을 배려한 디자인을 말하는 것이다. 유니버설 디자인은 모든 공간환경디자인은 누구나가 사용가능하도록 디자인되어야 한다는 개념이다.

- **유니버설 디자인의 개념이 노인을 위한 디자인 혹은 장애인을 위한 디자인으로 잘못 사용되고 있다.**

우리나라는 아직까지 유니버설 디자인에 대한 정확한 개념에 대한 인식이 미흡하며 이 개념을 장애인을 위한 디자인이나 노인을 위한 디자인 등과 혼동하는 경우가 많이 있다. 따라서 아직까지 실제 공간에의 적용은 아주 미비한 실정이다. 우리나라에서는 1990년대 말에 유니버설 디자인이라는 개념이 소개되면서 이에 대한 관심을 보이는 공간환경 연구자와 실무자들이 증가하고 있다. 특히 최근 들어 공공디자인에 대한 관심이 증대하면서 기본 개념 중의 하나로 유니버설 디자인을 설정하는 경우가 대부분이다. 그러나 대부분의 경우 유니버설 디자인을 장애인을 위한 디자인이나 노인을 위한 디자인으로 혼동하여 사용하고 있는 실정이다.

- **유니버설 디자인은 물리적 환경은 물론 심리적 환경에 대한 배려가 포함되어야 한다.**

유니버설 디자인과 관련된 문헌이나 선행연구에서 가장 많이 사용하고 있는 유니버설 디자인의 4가지 원리는 접근성(accessibile), 지원성(supportive), 수용성

(adaptive), 안전성(safe)으로 물리적인 측면에 중점을 둔 것이다. 또한 유니버설 디자인과 관련하여 가장 많이 사용되고 있는 「장애인·노인·임산부 등의 편의증진 보장에 관한 법률」도 접근성이나 지원성과 같이 주로 물리적 측면에만 초점을 둔 것이다.

그러나 유니버설 디자인의 기본 개념이 동등한 기회부여, 또는 무차별성을 토대로 하고 있음을 감안할 때 단지 물리적 측면만이 아니라 사용자의 환경심리적 측면에 대한 배려까지를 포함시켜야 한다. 공간디자인으로 인하여 다른 사용자와 달리 제한된 영역만을 사용하여야 하거나 하는 점을 최대한 배제하는 디자인이 되어야 한다. 일반 화장실과 장애인용 화장실의 위치를 격리시켜 놓아 서로 다른 영역을 사용하게 하는 점이 그 예이다. 소위 마이너리티라고 볼 수도 있는 사람들이 공간을 이용하면서 느끼게 되는 차별은 고려하지 못하고 있다. 이는 유니버설 디자인의 지침에 심리적인 측면에 대한 사항들이 포함되어야 함을 강조해 주는 것이다.

02 유니버설 디자인의 특성과 이점

유니버설 디자인은 장애인이나 노인 등 특정인을 위한 특정 환경이나 제품을 디자인하는 것보다 더 위에 있는 개념이다. 즉 특정인의 사용은 물론 다른 사람도 더욱 편리하게 사용할 수 있는 환경이나 제품을 디자인하는 것이다. 예를 들면 경사로는 휠체어 사용자 뿐 아니라 무거운 여행 가방을 끌고 가는 사람, 유모차를 끌고 가는 사람, 다리가 불편한 사람 등 모든 사람을 편리하게 이동할 수 있게 해준다.

유니버설 디자인은 경제성이 있다. 특정인을 위한 특정 환경이나 제품은 수요가 작을 수밖에 없어 비용이 많이 들게 된다. 그러나 유니버설 디자인이 적용된 환경이나 제품은 하나의 환경이나 제품을 다양한 사람들이 함께 사용하는 것을 목표로 하므로 경제적인 측면에서도 많은 이득이 된다.

유니버설 디자인은 하나의 트랜드가 아니며, 인간 능력의 범위는 특별한 것이 아니라 보통의 것이라고 가정하는 디자인 접근방식이다. 따라서 유니버설 디자인은 특정한 공간환경에만 적용되는 것이 아니라 모든 종류의 공간환경 디자인에 기본적으로 적용되어야 하는 것이다.

유니버설 디자인은 물리적 환경에만 초점을 두는 것이 아니며 인간 상호작용도 포함한 개념이다. 이는 유니버설 디자인이 단순히 물리적 장애물만을 제거하는 것이 아니라 모든 사용자가 동등하게 함께 사용할 수 있으며 따라서 사용자간에 상호교류가 원활하게 이뤄지도록 해준다.

유니버설 디자인 과정은 기존의 환경과 약간 다르게 집을 짓거나 몇 가지 세부사항들을 어설프게 수리하는 단순히 방법론적인 디자인이 아니라, 완전히 새로운 창조물의 디자인이다. 개념에 대한 완전한 이해에서 시작되어야 하는 것이다.

디자인 전개과정을 보면, 기능에 제한이 있는 사람들을 수용하도록 디자인하기 위하여 법에 따르는 미시적인 접근방식에서, 소수의 특별한 욕구도 충족하도록 모두를 위한 더욱 포괄적인 디자인 과정으로 바꾸어 놓고 있다. 즉 유니버설 디자인은 전체론적이고 통합적인 접근방식이다.

Null과 Cherry(1996)는 유니버설 디자인의 이점 3가지를 다음과 같이 제시한다.[5)]

첫째, 유니버설 디자인은 경제적(economical)이다. 유니버설 디자인은 개개인의 장애에 맞추어 제품이나 환경을 창조하는데 중점을 두는 것이 아니라 기존의 제품들을 다른 방식으로 유용화시키고 그것이 누구에게나 이득이 될 수 있도록 표준화시킴으로써 특별화 이상이 되게 하는 것이다.

- 90cm 폭의 표준화된 문 폭은 휠체어와 보행기 사용자에게 접근성을 제공할 뿐 아니라 건설업자, 디자이너, 생산자들에게 시간과 비용을 절감하게 해준다. 폭넓은 문은 가구를 옮길 때도 아주 편리하다.
- 주택에서 문 폭이 가장 좁은 문은 욕실문이다. 이는 초기 건축가들이 욕실로 가구를 옮기는 사람은 없을 것이라고 생각하였기 때문이다.
- 넓은 복도폭도 표준이 있어야 한다. 들것이 필요한 응급서비스를 받아야하는 상황에서 방으로 들어가고 나갈 수가 없는 좁은 복도는 심각한 방해가 될 것이다.

둘째, 유니버설 디자인은 미학적으로 즐거움(aesthetically pleasing)을 준다. 유니버설 디자인 제품과 환경은 다르거나 필요한 것으로 두드러지지 않는다. 특별한 욕구를 충족시키기 위해 디자이너는 종종 외관에 대한 고려를 거의 하지 않으며 따라서 어떤 장애를 가진 사람은 시설처럼 보이는 제품들 속에서 지내게 된다. 종종 세계는 다양한 능력을 충족시켜주는 모든 제품들은 정형화된 살균 병원병동에 사는 것과 같이 크고 무거우며 보기 싫어야한다고 생각한다. 미적으로 즐거운 환경을 요구하는 개인 요구를 희생하면서 제품 자체가 장애인에게 호감을 주지 못함으로써 문제를 증대시키고 있다. 반면 유니버설 디자인은 일반 사람들에게 이미 받아들여진 제품에 맞추거나 모두에게 즐거움을 줄 제품을 만든다.

셋째, 유니버설 디자인은 시장성(marketable)이 있다. 수백만 명의 미국인들이 유니버설 디자인이 제공하는 것을 구매하길 원한다. 베이비붐 세대들이 변화함에 따라 그들이 소비하는 주요 영역도 변하고 있다. 베이비부머들은 자신의 자녀들이 있을 때는 많은 돈을 자녀들을 위한 제품에 사용하였다. 그러나 베이비부머들이 노년기에 들어가게 됨에 따라 그들은 더 많은 돈을 자신의 자립성을 유지하게 해줄 제품과 환경에 사용할 것이다.

---

5) Null, Roberta L. & Cherry, Kenneth F. (1996). Universal Design : Creative Solutions for ADA Compliance, Professional Publications Inc., pp.29-32

미국 장애인법(ADA)은 주류에서 벗어나 있던 수백만 명의 장애인들이 완전한 생활스타일을 영위할 수 있도록 접근성을 제공해 줄 것이라는 것이 또 다른 중요한 마케팅 고려사항이 된다. 미국 장애인법은 보조 도구들과 접근가능한 환경을 제공해 줌으로써 시설 등에 수용할 수백만 명의 사람들을 직장으로 복귀시킬 것이다. 또한 이들을 음식점, 식료품가게, 극장 등과 같은 사회 속으로 끌어들일 것이다. 실질적으로 모든 경영주나 서비스 종사자들은 어떻게 유니버설 디자인이 이러한 개개인들에게 접근가능한 환경을 만들 수 있는가를 고려해야 한다.

일반적으로 사람들은 이제까지 사회적으로 고립되어 왔던 사람들과 교류하기 시작하게 되고 더 많은 사람들이 변화하는 개인욕구를 충족시켜 줄 뿐 아니라 장애가 있는 친구를 접대할 수 있는 주거환경에서 살기를 원할 것이다. 이러한 기회를 제공해 줄 디자인과 제품에 대한 큰 요구가 있을 것이다. 이러한 기준들 모두를 충족시키는 유니버설 디자인 제품은 단순한 보조기구 디자인에 대한 최상의 대안일 것이며 가장 요구가 높을 것 중 하나일 것이다. 요구가 증가함에 따라 저비용과 높은 유용성에 이르게 하는 제품의 수준도 높아질 것이다.

2부

유니버설 디자인의 방법

제3장. 유니버설 디자인의 원리
제4장. 유니버설 디자인의 방법
제5장. 유니버설 디자인 관련 법규

제3장 유니버설 디자인의 원리

본 장에서는 유니버설 디자인의 원리에 대해 살펴보고자 한다.

가장 대표적인 원리는 노스캐롤라이나대학의 유니버설 디자인센터에서 제시한 7가지 원리로 가장 많이 사용되고 있다. 또한 공간환경에서는 Null과 Cherry가 제시한 4가지 원리도 많이 사용되고 있다. 이외에도 7가지 원리가 가지고 있는 문제점들을 해결하는 대안으로 제안한 원리들이 있다.

01 유니버설 디자인의 7가지 원리 (7 Principles of Universal Design)

유니버설 디자인의 개념을 이해를 한 후 이를 실제 디자인에 적용하기 위해서는 어떤 가이드가 필요하였다. 따라서 1997년 장애 및 재활 국가연구기관(National Institute on Disability and Rehabilitation Research)의 지원을 받아 건축가, 제품디자이너, 공학 및 환경디자인 연구자 10인[1)]이 모여서 환경, 제품, 커뮤니케이션을 포함하는 광범위한 디자인 원리를 안내하기 위한 유니버설 디자인의 원리 7가지[2)]를 설정하였다.

원리 1: 동등한 사용성(Equitable use)
원리 2: 사용에 있어서의 융통성(Flexibility in use)
원리 3: 단순하고 직관적인 사용(Simple and intuitive use)
원리 4: 인지 가능한 정보(Perceptible information)
원리 5: 오류에 대한 내성(Tolerance for error)
원리 6: 최소한의 신체적인 노력(Low physical effort)
원리 7: 접근 및 사용에 적합한 크기와 공간(Size and space for approach and use)

©1997 The Center for Universal Design, College of Design, NCSU, Raleigh, North Carolina, USA

이 7가지 원리는 기존의 디자인을 평가하고, 디자인 과정을 안내하고, 가장 유용한 제품과 환경의 특성에 대해 디자이너와 소비자를 교육시키는데 적용될 수 있는 것으로 보았다. 이들 7가지 원리들은 유용한 디자인(usable design)에만 중점을 둔 것으로, 디자이너들은 디자인 과정에 경제, 공학, 문화, 성별, 환경문제 같은 다른 고려사항들을 고려해야 한다.

---

1) Bettye Rose Connell, Mike Jones, Ron Mace, Jim Mueller, Abir Mullick, Elaine Ostroff, Jon Sanford, Ed Steinfeld, Molly Story, Gregg Vanderheiden

2) The Center for Universal Design (1997). The Principles of Universal Design, Version 2.0. Raleigh, NC: North Carolina State University

(1) 원리 1: 동등한 사용(Equitable use)

사용자를 차별하지 않고 다양한 능력의 모든 사람들이 사용가능하며 유용하고 시장성 있는 디자인

지침:

1a. 모든 사용자들에게 동일한 사용수단을 제공한다.
: 가능한 똑같이, 그렇지 않을 때는 동등하게 한다.

1b. 어떤 사용자이든 격리되거나 낙인지우는 것은 피한다.

1c. 프라이버시, 보안성, 안전성의 제공은 모든 사용자들이 동등하게 이용가능하여야 한다.

1d. 디자인은 모든 사용자들이 흥미를 갖도록 한다.

(2) 원리 2: 사용상의 융통성(Flexibility in use)

개개인의 다양한 기호와 능력에 맞게 조절되는 융통성있는 디자인

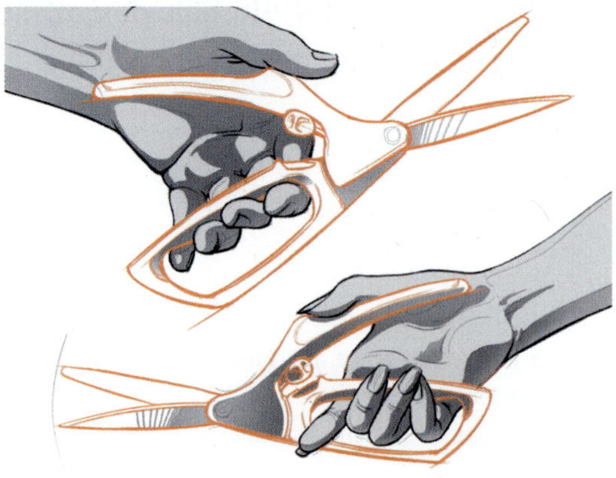

지침:

2a. 사용법에 있어 선택의 기회를 제공한다.

2b. 오른손이나 왼손잡이의 접근과 사용을 수용한다.

2c. 사용자의 정확성과 정밀성을 용이하게 한다.

2d. 사용자의 속도에 적응할 수 있도록 한다.

(3) 원리 3: 간단하고 직관적인 사용(Simple and intuitive use)

사용자의 경험, 지식, 언어능력, 현재의 집중수준 등 개인차에 상관없이 누구나 쉽게 사용법을 이해할 수 있는 디자인

지침:

3a. 불필요하게 복잡한 것은 없앤다.

3b. 사용자의 기대 및 직감과 일치되도록 한다.

3c. 글을 읽고 쓸 줄 아는 다양한 능력과 언어능력에 편의를 도모해 준다.

3d. 정보는 그것의 중요성과 일치되게 배열한다.

3e. 작업을 완성하는 동안과 그 후에 효율적인 설득과 피드백을 제공한다.

(4) 원리 4: 지각할 수 있는 정보(Perceptible information)

상황이나 개인의 인지능력에 상관없이 필요한 정보를 사용자에게 효율적으로 명확히 전달해 주는 디자인

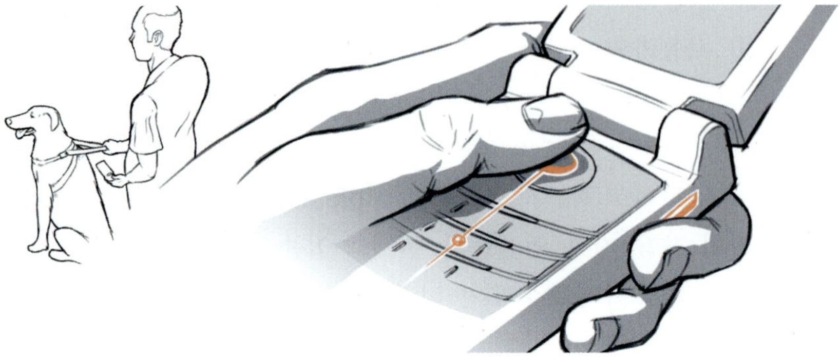

지침:

4a. 기본 정보의 중복제시를 위해 다른 모드(그림, 언어, 촉각)를 사용한다.

4b. 기본 정보와 그 주변 간에 적절한 대조가 되도록 한다.

4c. 기본 정보의 "가독성"을 최대화한다.

4d. 서술될 수 있는 방식으로 요소들을 차별화한다.(예, 설명이나 방향을 제시하여 쉽게 한다)

4e. 감각장애가 있는 사람들이 사용하는 다양한 기법이나 장치와 양립될 수 있게 제공한다.

(5) 원리 5: 잘못의 포용(Tolerance for error)

위험을 최소화하고 예기치 못한 사고나 의도치 않은 행동으로 인한 부작용을 최소화하는 디자인

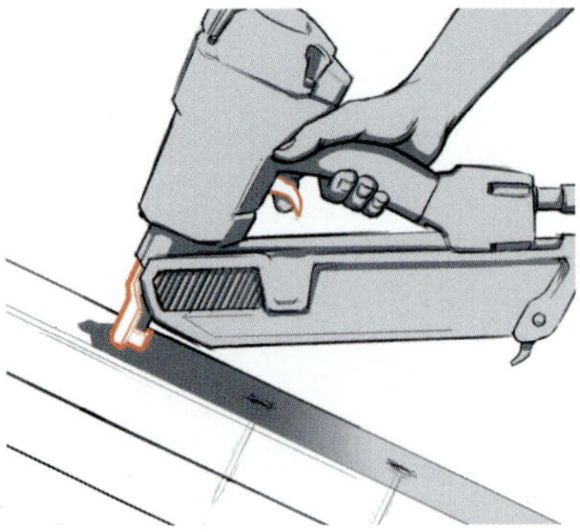

지침:

5a. 위험이나 실수가 최소가 되도록 구성요소들을 배치한다.
: 가장 많이 사용되는 요소들은 가장 접근가능하게, 위험요소들은 제거하고 격리시키고 차폐시킨다.

5b. 위험과 실수에 대한 경고를 제공한다.

5c. 잘못된 안전한 기능이 무엇인지 제공한다.

5d. 조심해야 하는 작업에서 무의식적인 행동을 못하게 한다.

(6) 원리 6: 적은 신체적인 노력(Low physical effort)

사용이 효율적이고 편리하며 사용 후 피로가 적은 디자인

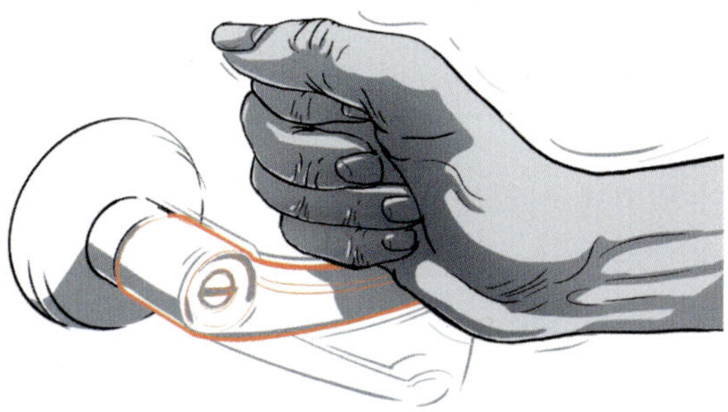

지침:

6a. 사용자가 중립적인 신체자세를 유지하도록 한다.

6b. 온당한 동작 힘을 사용한다.

6c. 반복적인 행동을 최소화한다.

6d. 지속된 신체적 노력을 최소화한다.

(7) 원리 7: 접근 및 사용을 위한 크기와 공간(Size and space for approach and use)

사용자의 신체적 조건(크기, 자세, 이동성)에 상관없이 접근, 도달, 조작, 사용이 가능한 적절한 크기와 모양의 디자인

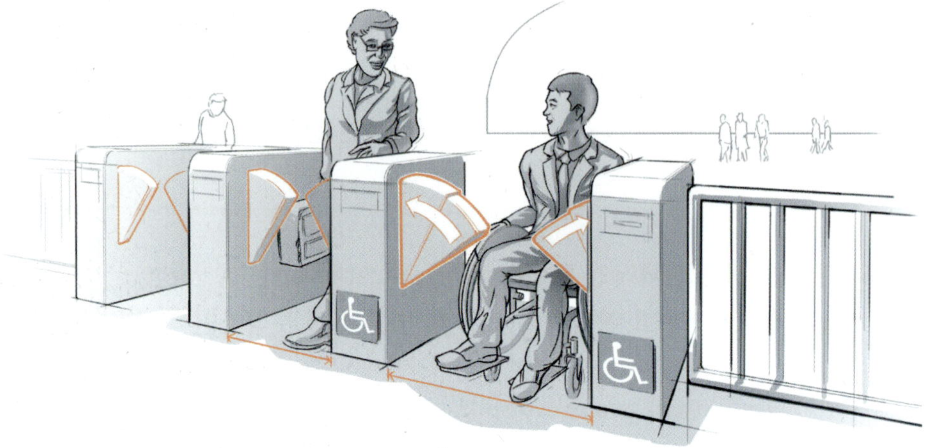

지침:

7a. 앉아 있거나 서있는 사용자가 중요한 요소들이 분명하게 보일 수 있도록 한다.

7b. 앉아 있거나 서있는 사용자가 편안하게 모든 구성요소들에 닿을 수 있도록 한다.

7c. 손과 손잡이 크기에 있어 다양성을 충족시켜 준다.

7d. 보조장치의 사용이나 개인 지원을 위한 적절한 공간을 제공한다.

그러나 이 원리들이 완전하다고 보는 사람들은 많지 않았으며 너무 광범위하고 너무 포괄적이며 적용시키기 너무 어렵다는 의견들이 많았다. 하나의 원리를 디자인 분야 전체에 적용하기에는 무리가 있다고 볼 수 있다. 이들 7가지 원리는 특히 공간환경 디자인 분야에 적용시키기에는 일부 애매하거나 중복될 수 있는 부분들이 있다.

이러한 이유에서 이들 7가지 원리에 대한 개정안을 제안한 사람들이 있다.

1) Sanford의 9가지 유니버설 디자인 원리

Sanford(2010)는 7개 원리의 개정안을 다음과 같이 제안하였다.[3] 즉 첫 번째 원리인 '동등한 사용'을 '동등한 사용과 매력(Equitable use and appeal)'로 바꾸고 원리 8로 사회적 통합(Social integration)을, 원리 9로 '맥락적 통합(Contextual integration)'을 추가하는 안이다.

개정된 부분을 구체적으로 살펴보면 다음과 같다.

원리 1: 동등한 사용과 매력(Equitable use and appeal)

디자인은 다양한 능력을 가진 사람들에게 유용하고 시장성이 있다.

- a. 모든 사용자들에게 동일한 사용수단을 제공한다.
- b. 모든 사용자들에게 동일한 프라이버시와 안전성/보안성의 기회를 제공한다.
- c. 사용과 요구에 동등하게 맞게 한다.

원리 8: 사회적 통합(Social integration)

디자인은 개개인에게 다른 사람들과의 활동에 참여할 기회를 제공해 준다. 이 원리는 포용과 참여의 기본이 되는 것이다.

- a. 원하거나 필요로 할 때 활동에 참여할 수 있게 한다.
- b. 원하거나 필요로 하는 곳에서 활동에 참여할 수 있게 한다.
- c. 바람직하거나 필요로 하는 사람과 함께 활동에 참여할 수 있게 한다.

원리 9: 맥락적 통합(Contextual integration)

디자인은 모두에게 매력적이다. 사람들을 통합하는 것 외에 디자인은 물리적, 사회적, 문화적 맥락과 양립하고 통합될 수 있어야 한다.

- a. 디자인의 다른 속성들과 미학적으로 양립할 수 있어야 한다.
- b. 모양새, 느낌, 냄새, 소리가 전체 디자인의 통합적인 부분이 되도록 한다.
- c. 사회적으로 문화적으로 양립될 수 있어야 한다.

---

3) Sanford, Jon A. (2012). Universal Design as a Rehabilitation Strategy, Springer Publishing Company, pp.84-85

2) Steinfeld의 유니버설 디자인의 목표[4)]

Steinfeld는 7가지 원리가 활동(activity)과 참여(participation)의 문제가 있고, 해석하기 어렵고 디자인에 적용하기 어렵다고 보았다. 따라서 구체적인 용어로 서술되고 모든 규모의 디자인에 적용되는 명확하고 측정가능한 결과를 갖는, 원리로부터 나온 중요한 목표 8가지를 제시한다.

이들 8가지 목표 중 신체에 맞음(Body fit), 편안함(Comfort), 인지성(Awareness), 이해(Understanding)의 4가지는 인적 요인과 인간공학(인체측정학, 생체역학, 지각, 인지)으로부터 나온 활동성취 목표이고 건강(Wellness)은 건강과 환경의 질 문제에 중점을 둔 것이며, 나머지 3가지 목표는 사회적 참여에 대한 지원과 관련이 있다.

- Body fit(신체에 맞음)
  - 다양한 범위의 신체 크기와 능력을 수용한다.
- Comfort(편안함)
  - 바람직한 신체 기능의 한계와 사용자의 기대 내에서 요구를 유지한다.
- Awareness(인지성)
  - 사용을 위한 결정적인 정보는 쉽게 인지된다는 것을 보장한다.
- Understanding(이해용이성)
  - 직관적이고 명확하며 모호하지 않은 조작 및 사용방법을 만든다.
- Wellness(건강)
  - 건강증진, 질병방지, 환경위험으로부터의 보호에 공헌한다.
- Social integration(사회적 통합)
  - 모든 집단을 존엄성과 존경심을 갖고 대한다.
- Personal adaptation(개인 적응)
  - 개개인의 선호를 표현하고 선택할 기회를 포함시킨다.
- Contextual appropriateness(맥락 적합성)
  - 모든 디자인 프로젝트의 문화적 가치와 사회 및 환경적 맥락을 존중하고 강화한다.

---

4) Ibid, pp.86-87

3) Finkel and Gold의 유니버설 디자인 원리

Finkel and Gold(1999)[5]는 포커스 그룹(focus group)을 대상으로 이들 7가지 원리가 타당한지를 연구하였다. 포커스 집단은 7가지 원리가 굿 디자인을 위한 기본이라고 하였지만 대중들이 이해하기 쉽도록 용어를 바꿀 필요가 있으며 환경적 문제도 다룰 필요가 있다고 하였다. 따라서 연구자들은 다음과 같이 변경하였다.

(1) 시장성(Marketable)

- 디자인은 광범위한 사용자들에게 판매할 수 있고 유용하여야 한다.

(2) 융통성(Felxible)

- 디자인은 광범위한 능력과 선호를 수용하여야 한다.

(3) 복잡하지 않고 이해할 수 있는(Uncomplicated and understandable)

- 디자인은 사용자의 경험과 지식, 언어능력, 또는 현재의 집중도에 상관없이 이해하기 쉽게 한다.

(4) 안전한(Safe)

- 디자인은 보안성을 제공해 주어야 한다.

(5) 사용 및 접근용이한(Easy to use and access)

- 디자인은 물품과 공간에 쉽게 도착하고, 도달하고, 닿고, 사용하고, 다룰 수 있게 해주어야 한다.

(6) 합리적 노력(Reasonable effort)

- 디자인은 효율적이고 편안하게 사용되어야 한다.

(7) 환경 민감성(Environmentally sensitive)

- 디자인은 적절한 자원사용과 환경문제에 대한 고려를 하여야 한다.

---

5) Ibid, pp.88-89

02 유니버설 디자인의 4가지 원리 (4 Principles of Universal Design)

Null과 Cherry(1996)[6]는 유니버설 디자인을 하는데 기본이 되는 4가지 원칙을 소개하였다. 즉 유니버설 디자인은 지원적이고(supportive), 변용가능하고(adaptable), 접근가능하고(Accessible) 안전지향적(Safety oriented)이어야 한다고 하였다. 디자인의 이들 4가지 상호 관련된 측면들은 새로운 및 기존의 제품과 환경을 측정하고 평가하기 위한 유용한 기준을 제공해 준다.

1) Supportive Design(지원적 디자인)

유니버설 디자인은 기능적이어야 한다. 제품이나 환경이 제 기능을 다 하도록 필요한 도움을 제공해 주어야 하며 이러한 도움을 제공할 때 어떤 사용자에게도 과도한 부담을 주지 않게 해야 한다.

공간환경에서 지원적 디자인의 예를 들면,

- 문 앞에 적절한 활동공간의 확보
- 용도에 맞는 적절한 크기의 공간
- 핸드레일의 설치높이, 지름, 마감재, 끊김없는 연결, 점자안내판
- 레버형 문손잡이, 수도꼭지, 샤워기
- 각도 조절 가능한 거울 등이다.

2) Adaptable Design(변용가능한 디자인)

제품이나 환경은 다양한 변하는 욕구를 가진 대부분의 개개인들에게 도움이 되어야한다는 것이다.

공간환경에서 변용가능한 디자인의 예를 들면,

- 용도 및 크기 조절 가능한 벽 시스템

---

6) Null, Roberta L. & Cherry, Kenneth F. (1996). Universal Design : Creative Colutions for ADA Compliance, Professional Publications Inc., pp.27-29

• 시스템 가구
• 높이 조절 가능한 의자와 테이블
• 높이 조절 가능한 샤워기 등이다.

3) Accessible Design(접근가능한 디자인)

접근성은 장애를 제거하는 것을 말하며 장애는 태도적인 것과 물리적인 것 모두를 말한다. 유니버설 디자인은 다양한 범위의 인간능력을 포용함으로써 개개인을 포용하며 많은 사람들을 불필요하게 방해하거나 해를 끼치는 물리적 환경을 바꾼다.
유니버설 디자인은 대부분의 장애물(이동, 의사소통, 웰빙)이 대부분의 사람들을 억제하므로 접근성을 장려한다.

접근성은 크게 수직적 접근성과 수평적 접근성으로 구분하여 볼 수 있다.

① 수직적 접근성

• 높이 차이가 없거나 단이 없어 편평한 바닥
• 계단없이 접근가능한 공간
• 경사도가 1/12이하인 경사로
• 중간에 끊김없이 연결된 보행로
• 접근가능한 가구와 욕실설비 높이
• 무릎이 들어갈 수 있는 개방된 하부공간이 있는 테이블이나 세면대 등
• 바닥에서 90-120cm 높이의 조명스위치와 조절판
• 바닥에서 40cm 높이의 전기콘센트

② 수평적 접근성

• 넓은 문과 문 폭(80-90cm)
• 넓은 통로

4) Safety-Oriented Design(안전지향적인 디자인)

안전지향적인 디자인은 건강과 웰빙을 향상시켜 주며 잘못된 것을 바로 잡아주고 예방을 해준다. 바닥의 레벨 변화를 표시하기 위해 사용한 대조색이나 패턴은 발을 헛딛어 다치는 것을 방지해 준다. 둥근 모서리로 된 책상과 장은 날카로운 모서리보다 안전하다. 청각 및 시각적 신호를 가진 이중 알람은 단지 한 가지만 사용하는 것보다 안전하다.

안전성은 물리적 위험을 극복하는 것 외에 심리적 웰빙감, 소속감, 자존감을 수반하기도 한다. 모든 환경은 물리적 및 심리적으로 영향을 미치며 디자인은 이 두 가지 다를 배려하여야 한다. 안전한 디자인은 물리적 및 심리적 도전을 인지하고 다루어야 한다.

사용자로 하여금 높은 수준의 능숙함을 얻게 해주는 제품과 공간은 심리적 건강상태를 지원해 준다. 그것들은 그들이 나이가 들어감에 따라 자연적으로 발생하는 변화에 대처하게 해주어 개개인을 독립성 부족으로부터 보호해 준다.

사람들이 신체적 능력에 있어서의 변화 때문에 주어진 환경에서 더 이상 잘 일할 수 없을 때, 그들의 활동을 단축시키거나, 그들이 달성할 수 있는 것에 대한 그들의 기대를 낮추거나 포기하게 해서는 안된다. 그러기보다는 환경이 변화하는 인간 욕구와 능력을 수용하도록 충분히 융통적이어야 한다.

안전지향적인 디자인의 예는 다음과 같다.

- 미끄럽지 않은 바닥재
- 자동차 등의 교통수단을 타고 내리는 공간과 경사로에 건물과 연결되게 설치한 지붕이나 캐노피
- 핸드레일의 설치장소, 형태, 지름, 마감재
- 둥글게 처리한 가구와 공간의 모서리 부분

03 유니버설 디자인의 8가지 원리

Erlandson(2008)[7]은 유니버설 디자인의 원리 8개를 제시하고 이를 인간공학, 지각, 인지를 포함하는 개인에 목표를 둔 인적 요인 원리(human factor principles), 융통성, 잘못한 것의 관리, 효율성, 안정성/예측가능성을 다루는 과정 원리(process principles), 평등성을 다루는 초월원리(transcending principles)로 범주화하였다. 그는 평등성은 다른 원리들을 초월하는 것이라고 지적한다.

(1) 인간공학적으로 정상적인(Ergonomically sound)
(2) 인지 용이한(Perceptible)
(3) 인지적으로 정상적인(cognitively sound)
(4) 융통적인(Flexible)
(5) 잘못한 것의 관리가 되는(Error-managed(proofed))
(6) 효율적인(Efficient)
(7) 안정적이고 예측 가능한(Stable and predictable)
(8) 동등한(Equitable)

7) Erlandson, Robert F. (2008). Universal and Accessible Design for Products, Services, and Processes, Taylor & Francis Group

04 유니버설 디자인의 새로운 해석과 원리

이연숙[8]은 21세기 유니버설 디자인의 성격과 미래 방향을 다음과 같이 제시하였다. 이연숙은 'UNIVERSAL'이 되기 위해서는 '21세기 DESIGN' 특성을 우선 만족시켜야 하고 나아가 더욱 성공하고 호응도가 높은 유니버설 디자인으로 발전하려면 'BEAUTIFUL'이란 특성을 추후에 더 만족시켜야 한다고 보았다.

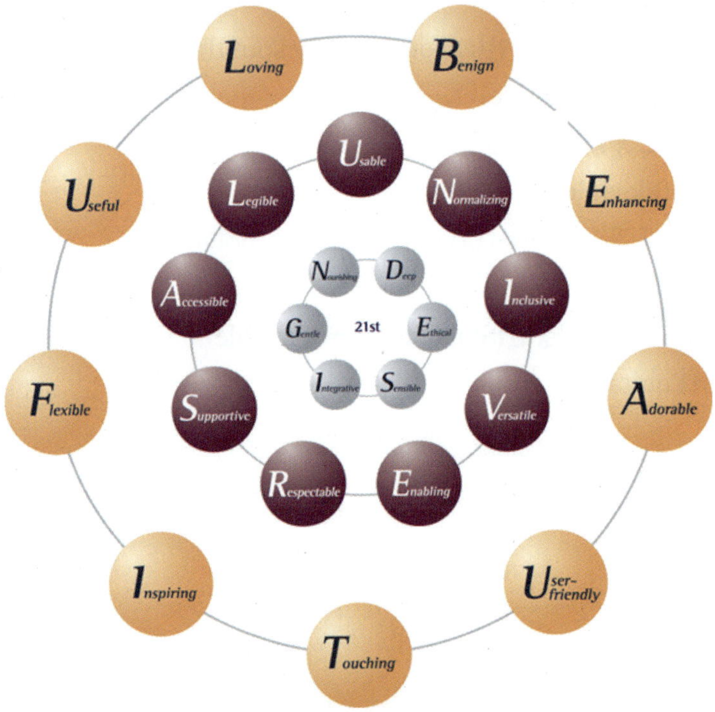

그림 3-8 Lee'996 Theory

먼저 21세기 디자인은 Deep, Ethical, Sensible, Integrative, Gentle, Nourishing의 특성을 추구해 나갈 것이라고 보았다.

- Deep(속이 채워져 깊은)
  - 얄팍하게 포장만 되어져 있는 것이 아닌 깊은 생각과 건전한 철학이 채워져 있는

8) 이연숙 (2005), 유니버설 디자인, 연세대학교 출판부, pp.45-47

- **Ethical(윤리성을 지닌)**
  - 공익성과 인간과 생태계를 존중하는 윤리에 기반을 둔
- **Sensible(감성에 와 닿는)**
  - 인간의 복합적 감각을 가능하게 하고 긍정적으로 호소하는
- **Integrative(복합적 종합성을 지닌)**
  - 디자인이 지녀야 하는 다국면성을 총체적으로 지니고, 사용자를 격리 소외시키지 않는
- **Gentle(친절하게 다가오는)**
  - 사용자와 보다 편안한 관계로 상호작용하게 하는
- **Nourshing(삶을 살찌우는)**
  - 영양분이 많은 음식과 같이, 삶을 풍요롭게 해주는 특성을 지니는

이러한 21세기 디자인의 의미에 유니버설(Universal)의 의미가 더해지게 되어야 한다고 보았다.

- **Usable(사용하기 쉬운)**
  - 사용시 불편을 초래하거나 사용을 못하게 하지 않고 쉽게 사용하게 하는
- **Normalizing(차별화가 아닌 정상화를 도모하는)**
  - 특별히 소외되거나 차별대우를 받지 않게 자연스럽게 집단 속에 존재하게 하는
- **Inclusive(다양성을 포용하는)**
  - 편협된 범위의 집단보다 더 넓은 사용자 집단을 포용력있게 만족시키는
- **Versatile(다국면성을 지닌)**
  - 하나의 기능과 특성보다는 다양한 성격을 지니고 있어 서로 보완적으로나 선택적으로 사용하게 하는
- **Enabling(가능성을 진작시키는)**
  - 절망이나 포기를 느끼거나 퇴화시키는 것보다는 할 수 있게 해주는
- **Respectable(존중심을 느끼게 하는)**
  - 자존심을 해치거나 열등감을 느끼게 하지 않고 당당한 위엄과 자존심을 지키게 해주는
- **Supportive(활동을 지원하는)**
  - 사용자 심신의 기능적 한계를 도와 쉽게 일상생활에 적응하게 해주는

- **Accessible(접근이 용이한)**
  - 사용을 위해 접근하기 쉽고 정보에 쉽게 가까이 갈 수 있게 하는
- **Legible(이해하기 명료한)**
  - 사용자가 쉽게 이해할 수 있도록 명료하게 전달되는

마지막으로 유니버설 디자인이 성공적으로 발전하려면 BEAUTIFUL UNIVERSAL DESIGN으로 인정받아야 한다고 보았다.

- **Benign(시장성에서 유리한)**
  - 소비자를 끄는 시장성이 있어 경제적 경쟁사회에서 유력한 위치를 점유하는
- **Enhancing(삶의 가치를 고양시키는)**
  - 사용자의 삶을 즐겁게 하고 더 나은 가치의 추구로 이어주는
- **Adorable(매료시키는)**
  - 사용자의 시선과 마음을 끄는 특성을 지니는
- **User-friendly(사용자 지향적인)**
  - 사용자의 민감한 요구를 수월하게 포용하는
- **Touching(감동을 주고 마음을 움직이는)**
  - 소비자에게 단순 소비와 사용을 넘어 감동과 감사의 마음을 일으키게 하는
- **Inspiring(고무적인)**
  - 사용자에게 의욕과 정신을 고양시키게 하는
- **Flexible(융통성이 있는)**
  - 상황과 기분에 따라 다양하게 변형하거나 선택 사용할 수 있게 하는
- **Useful(기능적 효율성이 높은)**
  - 사용자가 사용하고자 하는 목적에 효율적으로 만족시키는 기능을 지닌
- **Loving(진지한 사랑과 정성을 느낄 수 있는)**
  - 디자인된 결과물에서 만드는 과정상의 진지한 태도와 열정, 사랑을 느낄 수 있는

제4장 유니버설 디자인의 과정과 방법

01 유니버설 디자인의 과정

유니버설 디자인의 진행과정으로 워싱턴대학에서 소개한 유니버설 디자인의 과정[1]을 소개한다. 이 과정에는 미시적인 관점과 거시적인 관점 모두가 포함된다.

첫째, 적용범위를 규정한다(Identify the application).
유니버설 디자인을 적용하고자하는 제품이나 환경의 범위를 명확하게 정한다.

둘째, 사용자의 특성을 규정한다(Define the universe).
전체 대상자나 사용자가 누구인지를 서술하고 그들의 다양한 특성을 정한다.

1) www.washington.edu/doit/universal-design-process-principles-and-applications

셋째, 사용자를 참여시킨다(Involve consumers).

각각의 개발단계마다 다양한 특성을 가진 사용자들을 배려하고 포함시킨다. 복지관의 장애인서비스 담당부서와 같은 다양성 프로그램을 통하여 관점을 구하면 도움이 된다.

넷째, 지침이나 기준을 적용한다(Adopt guidelines or standards).

적용가능한 유니버설 디자인 관련 지침이나 기준을 만들거나 선정한다. 그런 다음 이것들을 특정한 적용분야의 현장에서 가장 잘 적용된 사례와 통합시킨다.

다섯째, 지침이나 기준을 적용시킨다(Apply guidelines or standards).

해당 분야 내에서 유니버설 디자인이 가장 잘 적용된 경우를 참고하여 전체 디자인과 모든 하위 구성요소 및 모든 진행되고 있는 작업에 적용시켜서 다양한 특성을 가진 개개인에게 적용했을 때의 이득이 최대가 되게 한다.

여섯째, 수용을 위한 계획을 한다(Plan for accommodations).

적용한 디자인이 자동적으로 접근성을 제공하지 않을 개개인들로부터 수용요구(보조기술의 구입, 사인언어에 대한 번역자의 배치 등)에 중점을 두고 과정을 개발한다.

일곱 번째, 교육하고 지원한다(Train and support).

진행되고 있는 교육 및 지원을 이해 당사자(강사, 컴퓨터 지원직원, 물품조달 담당자, 자원봉사자 등)에게 맞추어 전달해 준다. 다양성과 포용을 존중하는 기관의 목표와, 모두를 환영하고 접근가능하고 포용하는 경험을 확실히 해주는 실습을 공유한다.

여덟 번째, 평가한다(Evaluate).

유니버설 디자인 조치를 정기적인 적용분야 평가에 포함시키고, 다양한 집단의 사용자들로 하여금 평가하게 하고 피드백을 토대로 보완한다. 사용자들로부터 포함시킬 정보수집방법(온라인과 인쇄된 도구 및 직원과의 커뮤니케이션)을 제공한다.

02 유니버설 디자인의 방법[2)]

1) 사용자 참여디자인(Participatory Design)

유니버설 디자인은 사용자 중심 디자인이므로 디자인 과정에 사용자를 참여시키는 사용자 참여디자인이 기본이라고 볼 수 있다. 사용자 참여디자인의 과정은 디자인 프로그래밍과 같이 다음의 과정들을 거치게 된다.

- 목표 설정하기(Establishing goals)
  : 프로젝트의 전반적인 기준을 설정하기 위해 모든 참여분야와 함께 작업한다.

- 연구 진행하기(Conducting research)
  : 포함된 사람과 공간에 관하여 학습하고 관련된 연구분야에 대해 교육한다.

- 개념 정립하기(Uncovering concepts)
  : 프로젝트를 이끌어갈 연구 틀을 규명한다.

- 요구 결정하기(Determining needs)
  : 적절한 연구방법을 규정하는데 도움 되도록 프로젝트의 재정적, 공간적, 시간적 제한점을 명시한다.

- 문제 명시하기(Stating problems)
  : 프로젝트를 디자인 지시사항들을 통해 해결될 수 있는 논리적 구성요소들로 분류하도록 상기한 모든 것들을 그려본다.

참여디자인에서 가장 중요하지만 종종 가장 무시되는 단계는 연구(research)이다. 연구를 위한 정보를 수집하는데 잘 맞는 것으로 입증된 몇 가지 방법을 보면, 관련 자료 탐색(Background reading), 인터뷰(Interviews), 서베이와 질문지(Surveys and questionnaires), 관찰(Observation), 포커스 그룹(Focus groups)이다.

---

2) Null, Roberta L. & Cherry, Kenneth F. (1996). Universal Design : Creative Solutions for ADA Compliance, Professional Publications Inc., pp.47-50

(1) 관련 자료 탐색하기(Background reading)

각 프로젝트에 특별하게 적용되는 수집된 정보는 항상 있을 것이다. 그러나 포함되는 모든 환경의 디자인에 영향을 미치는 광범위한 연구영역에 대해 고려하여야 하지만, 디자인업계 저널, 고령화, 장애에만 제한되지는 않는다. 노인에 관한 유용한 연구는 장애인의 디자인 욕구에 대해 흥미가 있을 때 특히 유용하다. 고령화가 급격하게 진행되고, 사람들은 나이가 들어감에 따라 새로운 법에 따라 수용되어야하는 많은 장애를 마주하게 된다. 이들 인구집단의 신체가 변함에 따른 이들 집단의 특정한 요구에 관한 많은 자료가 존재하며 이들 모두는 유니버설 환경을 창조하는데 적절하다.

(2) 인터뷰(Interviews)

인터뷰 방법은 프로젝트와 관련하여 특정한 요구나 현재의 불만족한 사항에 대하여 인터뷰할 수 있는 사람이 많을수록 적절한 방법이다. 인터뷰는 현재 및 장래 사용자, 건축가와 디자이너, 심리학자와 사회학자, 금융업자 등 가능한 프로젝트에 포함된 많은 사람들이 포함되어야 한다.

(3) 서베이와 질문지(Surveys and questionnaires)

청중의 일반적인 프로파일을 창조하는 것은 중요하다. 서베이와 질문지법은 이것을 하는 한 방법이다. 디자이너들은 다른 영역에서 효율적이라고 증명된 기존의 질문지를 수정하거나 청중이 특정한 응답을 유도하지 않는 질문을 만들어야 한다. 질문은 현재 사람들이 환경을 어떻게 사용하고 있으며 그들이 개선하였으면 하는 방식을 파악할 수 있게 구성하여야 한다.

(4) 관찰(Observation)

종종 개선하고자 하는 기존의 환경 또는 신축이지만 유사한 환경에서 움직이고 있는 사람들을 관찰함으로써 프로젝트와 그 청중들에 대한 더 나은 이해를 할 수 있다. 예를 들면 저속촬영한 사진은 공항 대기실이나 은퇴커뮤니티에서 사회적 공간의 이용패턴의 관찰 프로파일을 만드는데 사용될 수 있다. 이런 관찰은 서베이와 질문지법을 통해 주어지는 피드백의 유용한 보충물로 제공될 수 있다.

(5) 포커스 그룹(Focus groups)

프로젝트의 특정한 측면에 중점을 두고 그에 적합한 대상들과의 미팅을 함으로써 디자이너들은 창의적인 해결책을 만들어낼 수 있으며 고려 중인 문제들을 규명할 수 있다.

이상에서 살펴본 사용자 참여디자인은 디자이너가 디자인된 환경의 영향을 받게 되는 사람들을 프로젝트의 과정에 참여시키는 것이다. 이는 광범위한 전문가와 일단인들 간에 일종의 동반의식을 갖게 해준다. 프로젝트에 따라 심리학자, 건축가, 디자이너, 공학자, 퍼실리티매니저, 프로젝트 매니저, 특정한 장애를 가진 사람, 등을 참여시킨다. 더 많은 지식들을 수집할수록, 프로젝트가 완성된 후에 불필요한 문제로 인하여 변경을 해야 하는 경우는 줄어들 것이다. 일단 충분한 관련 자료들이 수집되면, 프로젝트의 목표에 도달하기 위해 많은 디자인 개념들을 도출할 것이다. 디자인 개념은 프로젝트가 갖고 있는 각 측면들을 해결하기 위한 특정한 전략을 설정해준다.

2) 사용 후 평가방법(Post-Occupancy Evaluation)

사용 후 평가방법은 디자인이 완성되어 일정기간 사용한 후 디자인에 대한 평가를 하는 것이다. 일종의 피드백이라고 볼 수 있다. 디자인이 처음 의도된 대로 잘되었는지를 평가하는 것으로 다양한 방법을 통해 진행된다. 즉 사용 후 평가는 참여디자인을 구성하는 동일한 기법이 많이 사용된다. 관찰, 인터뷰, 질문지법, 서베이, 포커스집단 등이 사용된다.

모든 디자인은 그림과 같은 디자인 싸이클을 반복함으로써 발전하게 된다(그림 4-1). 즉 사용자 참여디자인을 통하여 완성된 디자인이 실제로 사용자들의 욕구를 충분히 반영하여 사용자들이 효율적으로 편리하게 사용하게 되었는지를 평가하고, 평가에서 발견된 미비점은 다음 디자인 단계에서 보완해 나감으로써 더 나은 디자인 결과물이 나오게 된다. 디자인은 시대의 흐름과 상황에 따라 달라질 수 있으므로 이러한 디자인 싸이클이 계속 반복되어야 하는 것이다.

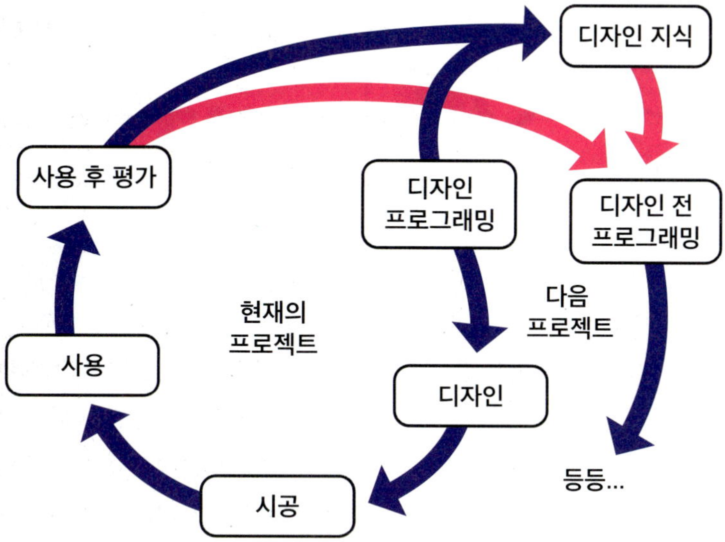

그림 4-1 디자인 싸이클의 단계

제5장 유니버설 디자인의 과정과 방법

유니버설 디자인과 관련있는 법규들은 「장애인·노인·임산부 등의 편의증진 보장에 관한 법률」(보건복지부), 「보행안전 및 편의증진에 관한 법률」(행정안전부), 「교통약자의 이동편의 증진법」(국토해양부), 「장애인복지법」(보건복지부), 「장애물 없는 생활환경 인증에 관한 규칙」(국토해양부) 등이 있다. 이 중 유니버설 디자인과 관련된 대표적인 법률인 「장애인·노인·임산부 등의 편의증진 보장에 관한 법률」(약칭: 장애인 등 편의법)에 대해 살펴보면 다음과 같다.

01 장애인 · 노인 · 임산부 등의 편의증진 보장에 관한 법의 개요

유니버설 디자인과 관련된 대표적인 법률인 「장애인·노인·임산부 등의 편의증진 보장에 관한 법률」은 1997년 4월에 제정되어 1998년 4월부터 시행되었으며 장애인·노인·임산부 등이 생활을 영위함에 있어 안전하고 편리하게 시설 및 설비를 이용하고 정보에 용이하게 접근하도록 함으로써 이들의 사회활동 참여와 복지증진을 도모하고자 제정되었다.[1] 여기서는 2023년 3월 28일 개정된 내용(시행일 2023년 6월 29일)을 중심으로 주요 내용을 정리해 보았다.[2]

편의시설 설치의 기본 원칙은 장애인 등이 공공건물 및 공중이용시설을 이용할 때 가능하면 최대한 편리한 방법으로 최단 거리로 이동할 수 있도록 설치하도록 규정하고 있다(제3조). 이는 경사로 등을 설치할 때 가능한 주 출입구에서 가까운 곳에 설치하도록 하는 것이다.

접근권(제4조) 조항에서는 장애인 등은 인간으로서의 존엄과 가치 및 행복을 추구할 권리를 보장받기 위하여 장애인 등이 아닌 사람들이 이용하는 시설과 설비를 동등하게 이용하고, 정보에 자유롭게 접근할 수 있는 권리를 가진다고 규정하고 있다. 이는 우리의 생활환경은 모든 사람이 동등하게 사용할 수 있도록 조성되어야 함을 말해주는 것이다.

---

1) 한국장애인개발원(2014). 장애인·노인·임산부 등의 편의증진 보장에 관한 법령집.
2) 종합법률정보 https://glaw.scourt.go.kr 「장애인·노인·임산부 등의 편의증진 보장에 관한 법률」

02 편의시설 설치 대상시설

편의시설을 설치하여야 하는 대상시설은 공원, 공공건물 및 공중이용시설, 공동주택, 통신시설, 그 밖에 장애인 등의 편의를 위하여 편의시설을 설치할 필요가 있는 건물·시설 및 그 부대시설이다. 시행령에서 제시하고 있는 시설들의 종류는 다음과 같고 보다 구체적인 시설들은 <부록 3>과 같다.

1) 공원

2) 공공건물 및 공중이용시설

가. 제1종 근린생활시설, 나. 제2종 근린생활시설,
다. 문화 및 집회시설, 라. 종교시설, 마. 판매시설,
바. 의료시설, 사. 교육연구시설,
아. 노유자시설, 자. 수련시설, 차. 운동시설,
카. 업무시설, 타. 숙박시설,
파. 공장, 하. 자동차관련시설,
거. 교정시설, 너. 방송통신시설,
더. 묘지관련시설, 러. 관광휴게시설, 머. 장례식장

3) 공동주택

4) 통신시설

03 대상시설별 설치하여야 하는 편의시설의 종류

편의시설을 설치하여야 하는 대상시설별 설치하여야하는 편의시설의 종류를 보면 다음과 같다(표 5-1, 표 5-2).

1) 근린생활시설, 문화집회시설 및 교육연구시설

< 표 5-1 시설별 설치하여야 하는 편의시설의 종류(a) >

대상시설 \ 편의시설		매개시설			내부시설			위생시설					안내시설			그 밖의 시설				
		주출입구 접근로	장애인 전용주차구역	주출입구 높이차이 제거	출입구(문)	복도	계단 또는 승강기	화장실 대변기	화장실 소변기	화장실 세면대	욕실	샤워실·탈의실	점자블록	유도 및 안내설비	경보 및 피난설비	객실·침실	관람석·열람석	접수대·작업대	매표소·판매기·음료대	임산부 등 위한 휴게시설
제1종 근린생활시설	수퍼마켓·일용품 등의 소매점, 이용원·미용원·목욕장	의무	권장	의무	의무	의무	의무	의무	의무	의무										
	지역자치센터, 파출소, 지구대, 우체국, 보건소, 공공도서관, 국민건강보험공단·국민연금공단·한국장애인고용공단·근로복지공단의 지사, 기타 이와 유사한 용도 시설	의무	의무	의무	의무	의무	의무	의무	권장	권장			의무	권장	의무			의무		
	대피소	의무		의무	의무									권장						
	공중화장실	의무		의무	의무			의무	의무	의무			의무							
	의원·치과의원·한의원·조산소(산후조리원)	의무	의무	의무	의무	의무	의무	의무	권장	권장										
	지역아동센터(300m² 이상만 해당)	의무	의무	의무	의무	권장	권장	권장	권장	권장				권장	의무					
제2종 근린생활시설	일반음식점, 휴게음식점·제과점으로 제1종 근린생활시설에 해당하지 않는 것(300m² 이상만해당)	의무	의무	의무	의무	권장	권장	권장	권장	권장										
	안마시술소	의무	의무	의무	의무	권장	권장	권장	권장	권장			권장	권장	의무					

< 표 5-1 시설별 설치하여야 하는 편의시설의 종류(b) >

대상시설 \ 편의시설		매개시설			내부시설			위생시설					안내시설			그 밖의 시설				
								화장실			욕실	샤워실·탈의실								
		주출입구 접근로	장애인 전용주차구역	주출입구 높이차이 제거	출입구(문)	복도	계단 또는 승강기	대변기	소변기	세면대			점자블록	유도 및 안내설비	경보 및 피난설비	객실·침실	관람석·열람석	접수대·작업대	매표소·판매기·음료대	임산부 등 위한 휴게시설
문화 및 집회 시설	공연장 및 관람장	의무	의무	의무	의무	의무	의무	의무	의무	의무			의무	의무	의무		의무		의무	권장
	집회장	의무	의무	의무	의무	의무	의무	의무	권장	권장					의무					
	전시장, 동·식물원	의무	의무	의무	의무	의무	의무	의무	권장	권장			의무	권장	의무				권장	권장
종교 시설	종교집회장 (교회·성당·사찰·기도원, 기타 이와 유사한 용도의 시설로 500m^2 이상만 해당)	의무	의무	의무	의무	권장	권장	권장	권장	권장					의무		권장			권장
판매 시설	도매시장·소매시장·상점 (1000m^2 이상만 해당)	의무	의무	의무	의무	의무	의무	의무	권장	권장				권장	의무					
의료 시설	병원·격리병원	의무	의무	의무	의무	의무	의무	의무	의무	의무	권장	권장	의무	의무	의무			권장	권장	
수련 시설	생활권수련시설, 자연권수련시설	의무	의무	의무	의무	의무	의무	의무	의무	의무		권장		권장	의무	의무				
운동시설 (500m^{2}이상만 해당)		의무	의무	의무	의무	권장	권장	권장	의무	권장		권장					권장			권장
교육 연구 시설	학교(특수학교를 포함하며, 유치원은 제외)	의무	의무	의무	의무	의무	의무	의무	의무	권장			의무	의무	의무		권장	권장		권장
	유치원	의무	의무	의무	의무	의무	의무	의무	의무	권장										권장
	교육원·직업훈련소·학원, 기타 이와 유사한 용도의 시설 (500m^2 이상만 해당)	의무	의무	의무	의무	의무	의무	의무	의무	권장			권장	권장	의무		권장	권장		권장
	도서관 (1000m^{2}이상만 해당)	의무	의무	의무	의무	의무	의무	의무	의무	의무			권장	권장	의무		의무	권장		권장
노유자 시설	아동관련시설 (어린이집·아동복지시설)	의무	의무	의무	의무	의무	의무	의무	의무	권장										권장
	노인복지시설(경로당 포함)	의무	의무	의무	의무	의무	의무	의무	의무	권장	권장	권장				권장				
	사회복지시설(장애인복지시설 포함)	의무	의무	의무	의무	의무	의무	의무	의무	의무	의무	의무	의무	의무	의무	의무	의무	의무	의무	

< 표 5-1 시설별 설치하여야 하는 편의시설의 종류(c) >

대상시설 \ 편의시설		매개시설			내부시설			위생시설					안내시설			그 밖의 시설				
								화장실												
		주출입구 접근로	장애인 전용주차구역	주출입구 높이차이 제거	출입구(문)	복도	계단 또는 승강기	대변기	소변기	세면대	욕실	샤워실·탈의실	점자블록	유도 및 안내설비	경보 및 피난설비	객실·침실	관람석·열람석	접수대·작업대	매표소·판매기·음료대	임산부 등 위한 휴게시설
업무시설	국가 또는 지방자치단체의 청사	의무	의무	의무	의무	의무	의무	의무	의무	의무			의무	의무	의무			의무		권장
업무시설	금융업소, 사무소, 신문사, 오피스텔, 기타 이와 유사한 용도의 시설 (500m² 이상만 해당)	의무	의무	의무	의무	의무	의무	의무	권장	권장								권장		권장
업무시설	국민건강보험공단 · 국민연금공단 · 한국장애인고용공단 · 근로복지공단 및 그 지사 (1000m² 이상만 해당)	의무	의무	의무	의무	의무	의무	의무	의무	의무			의무	의무	의무			의무		권장
숙박시설	일반숙박시설(호텔, 여관)	의무	권장	의무	의무	권장	권장	권장	권장	권장					의무	의무		권장		
숙박시설	관광숙박시설(관광호텔, 수상관광호텔, 한국전통호텔, 가족호텔, 휴양콘도미니엄)	의무	의무	의무	의무	의무	의무	의무	의무	의무	권장		의무	권장	의무	의무		권장		권장
공장		의무	의무	의무	의무	권장	권장	의무	의무	권장	권장	권장			권장			권장		권장
자동차 관련시설	주차장	의무	의무	의무			권장													
자동차 관련시설	운전학원	의무	의무	의무	의무	의무	의무	의무	권장	권장								권장		
방송통신시설	방송국, 기타 이와 유사한 용도의 시설 (1000m² 이상만 해당)	의무	의무	의무	의무	의무	의무	의무	권장	권장				권장	의무					권장
방송통신시설	전신전화국, 기타 이와 유사한 용도의 시설 (1000m² 이상만 해당)	의무	의무	의무	의무	의무	권장	의무	권장	권장				권장	의무			권장		권장
교정시설	교도소 · 구치소	의무	의무	의무	의무	의무	의무	의무	권장	의무			권장					권장	권장	권장
묘지 관련 시설	화장시설, 봉안당 (종교시설은 제외)	의무	의무	의무	의무	권장	권장	의무	권장	권장					권장					
관광 휴게 시설	야외음악당, 야외극장, 어린이회관, 기타 이와 유사한 용도의 시설	의무	의무	의무	의무	권장	권장	의무	권장	권장				권장	권장		권장		권장	권장
관광 휴게 시설	휴게소	의무	의무	의무	의무	권장	권장	의무	권장	권장				권장					권장	권장
장례식장		의무	의무	의무	의무	의무	의무	의무	의무	의무			의무	권장	의무				권장	권장

2) 주거공간

< 표 5-2 주거공간별 설치하여야 하는 편의시설의 종류 >

편의시설 \ 대상시설	매개시설			내부시설			위생시설					안내시설			그 밖의 시설				비고
	주출입구 접근로	장애인 전용주차구역	주출입구 높이차이 제거	출입구(문)	복도	계단 또는 승강기	화장실 대변기	화장실 소변기	화장실 세면대	욕실	샤워실·탈의실	점자블록	유도 및 안내설비	경보 및 피난설비	객실·침실	관람석·열람석	접수대·작업대	매표소·판매기·음료대	임산부 등 위한 휴게시설	
아파트	의무	의무	의무	의무	권장	의무	권장	권장	권장	권장	권장	권장		권장	권장					
연립주택	의무	의무	의무	의무	권장	권장	권장	권장	권장	권장	권장	권장		권장	권장					세대수 10세대 이상만 해당
다세대주택	의무	의무	의무	의무	권장	권장	권장	권장	권장	권장	권장	권장		권장	권장					세대수 10세대 이상만 해당
기숙사	의무	의무	의무	의무	권장	권장	의무	권장	의무	권장	권장	권장		권장	의무					기숙사가 2동 이상의 건축물로 이루어져 있는 경우 장애인용 침실이 설치된 동에만 적용한다. 단, 장애인용 침실수는 전체 건축물을 기준으로 산정하며, 일반 침실의 경우 출입구(문)는 권장사항임

04 편의시설의 구조·재질 등에 관한 세부기준

장애인·노인·임산부 등의 편의증진 보장에 관한 법률 시행규칙에서 규정하고 있는 편의시설 세부기준은 다음과 같다.

1) 장애인 등의 통행이 가능한 접근로

(1) 유효폭 및 활동공간

① 접근로의 유효폭은 휠체어 사용자의 통행을 위하여 1.2m 이상. 의무

② 휠체어사용자가 다른 휠체어 또는 유모차 등과 교행할 수 있도록 50미터마다 1.5미터×1.5미터 이상의 교행구역 설치. 권장

③ 경사진 접근로가 연속될 경우 휠체어 사용자의 휴식 위하여 30m마다 1.5m×1.5m 이상의 수평면으로 된 참 설치. 권장

(2) 기울기 등

① 접근로 기울기는 1/18 이하. 단, 지형상 곤란한 경우 1/12까지 완화 가능. 의무

② 대지 내 연결하는 주접근로에 단차 있을 경우 그 높이 차이는 2cm 이하. 의무

(3) 경계

① 접근로와 차도의 경계부분에는 연석·울타리 기타 차도와 분리할 수 있는 공작물 설치. 단, 차도와 구별하기 위한 공작물 설치가 곤란한 경우에는 시각장애인이 감지할 수 있도록 바닥재 질감을 달리함. 의무

② 연석의 높이는 6cm 이상 15cm 이하, 색상은 접근로의 바닥재 색상과 다르게 설치. 권장

(4) 재질과 마감

① 접근로의 바닥표면은 장애인 등이 넘어지지 아니하도록 잘 미끄러지지 않는 재질로 평탄하게 마감. 의무

② 블록 등으로 접근로를 포장하는 경우에는 이음새의 틈이 벌어지지 아니하도록 하고, 면이 평탄하게 시공. 의무

③ 장애인 등이 빠질 위험이 있는 곳에는 덮개를 설치하되, 그 표면은 접근로와 동일한 높이가 되도록 하고 덮개에 격자구멍이나 틈새가 있는 경우 그 간격은 2cm 이하. 의무

(5) 보행 장애물

① 접근로에 가로등·전주·간판 등을 설치하는 경우 장애인 등의 통행에 지장을 주지 않도록 설치. 의무

② 가로수는 지면에서 2.1m까지 가지치기. 권장

2) 장애인 전용 주차구역

(1) 설치장소

① 건축물의 부설주차장과 영 별표 1 제2호 하목(1)의 주차장의 경우 장애인 전용 주차구역은 장애인 등의 출입이 가능한 건축물의 출입구 또는 장애인용 승강설비와 가장 가까운 장소에 설치. 의무

② 장애인 전용 주차구역에서 건축물의 출입구 또는 장애인용 승강설비에 이르는 통로는 장애인이 통행할 수 있도록 가급적 높이 차이를 없애고, 그 유효폭은 1.2m 이상. 의무

(2) 주차공간

① 장애인 전용 주차구역의 크기는 주차대수 1대에 대하여 폭 3.3m 이상, 길이 5m 이상. 단, 평행주차형식인 경우는 주차대수 1대에 대하여 폭 2m 이상, 길이 6m 이상. 의무

② 주차공간의 바닥면은 장애인 등의 승하차에 지장을 주는 높이차이가 없어야 하며, 기울기는 1/50 이하. 권장

③ 주차공간의 바닥표면은 미끄러지지 않는 재질로 평탄하게 마감. 의무

(3) 유도 및 표시

① 장애인 전용 주차구역 바닥면엔 아래 그림같이 장애인 전용표시하며, 주차구역선이나 바닥면은 운전자가 식별하기 쉬운 색상으로 표시. 의무

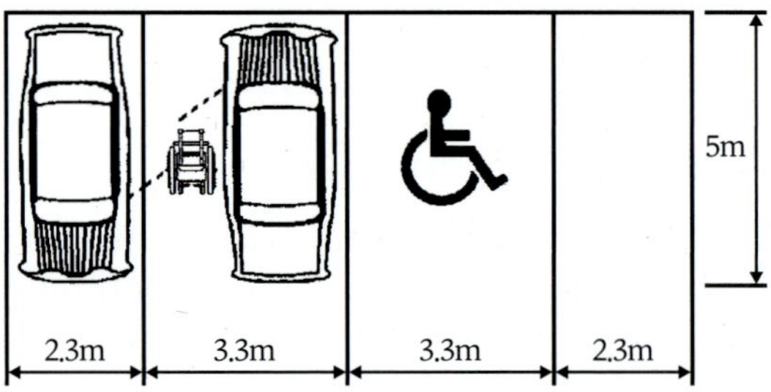

② 장애인 전용 주차구역 안내표지를 주차장 안의 식별하기 쉬운 장소에 부착하거나 설치. 이 경우 안내표지의 규격과 안내표지에 기재될 내용은 다음과 같음. 의무

㉠ 장애인전용 주차구역 안내표지 규격은 가로 0.7m, 세로 0.6m로 하고, 지면에서 표지판까지의 높이는 1.5m.

㉡ 안내표지에 기재될 내용은 다음과 같음.

> **장애인전용주차구역**
>
> • 장애인 자동차 표지가 부착된 자동차에 보행상 장애가 있는 자가 탑승한 경우에만 주차할 수 있습니다.
> • 이를 위반한 자에 대하여는 10만원 이하의 과태료를 부과합니다.
> • 위반사항을 발견하신 분은 신고전화번호 ○○○ - ○○○○로 신고해 주시기 바랍니다.

3) 높이차이가 제거된 건축물 출입구

(1) 턱 낮추기

건축물 주출입구와 통로의 높이 차이는 2cm 이하로 설치. 의무

(2) 휠체어리프트 또는 경사로 설치

휠체어리프트 및 경사로에 관한 세부기준은 9)와 10)의 휠체어리프트 및 경사로에 관한 규정을 각각 적용.

4) 장애인 등의 출입이 가능한 출입구(문)

(1) 유효폭 및 활동공간

① 출입구(문)은 아래 그림과 같이 그 통과 유효폭을 0.8m 이상, 출입구(문)의 전면 유효거리는 1.2m 이상. 단, 연속된 출입문의 경우 문의 개폐에 소요되는 공간은 유효거리에 불포함. 의무

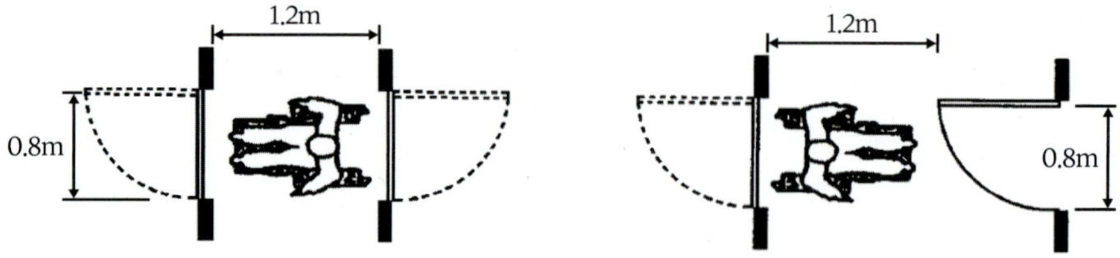

② 자동문이 아닌 경우에는 아래 그림과 같이 출입문 옆에 0.6m 이상의 활동공간 확보. 권장

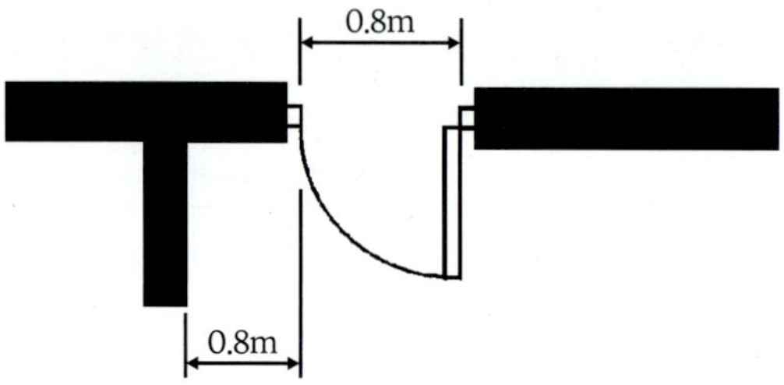

③ 출입구 바닥면에는 문턱이나 높이 차이를 두지 않음. 의무

(2) 문의 형태

① 출입문은 회전문을 제외한 다른 형태의 문 설치. 의무

② 미닫이문은 가벼운 재질로 하며, 턱이 있는 문지방이나 홈 설치하지 않음. 의무

③ 여닫이문에 도어체크를 설치하는 경우에는 문이 닫히는 시간이 3초 이상 충분하게 확보되도록 함. 의무

④ 자동문은 휠체어 사용자의 통행을 고려하여 문 개방시간이 충분하게 확보되도록 설치하며, 개폐기 작동장치는 가급적 감지범위 넓게 함. 의무

(3) 손잡이 및 점자표지판

① 출입문 손잡이는 중앙지점이 바닥면으로부터 0.8m와 0.9m사이에 위치하게 설치하며(의무), 그 형태는 레버형이나 수평 또는 수직막대형으로 함(권장). 의무 권장

② 건축물안의 공중의 이용을 주목적으로 하는 사무실 등의 출입문 옆 벽면 1.5m 높이에는 방 이름을 표기한 점자표지판 부착. 의무

(4) 기타 설비

① 건축물 주출입구의 0.3m 전면에는 점형블록을 설치하거나 시각장애인이 감지할 수 있게 바닥재 질감 등을 다르게 함. 의무

② 건축물의 주출입문이 자동문인 경우 문이 자동 작동되지 아니할 경우에 대비하여 시설관리자 등의 호출용 벨을 자동문 옆에 설치. 권장

5) 장애인 등의 통행이 가능한 복도 및 통로

(1) 유효폭

복도 유효폭은 1.2m 이상으로 하되, 복도 양옆에 거실이 있는 경우에는 1.5m 이상. 권장

(2) 바닥

① 복도 바닥면에는 높이 차이를 두지 않음. 단, 부득이한 사정으로 높이 차이를 두는 경우는 경사로 설치. 의무

② 바닥표면은 미끄러지지 아니하는 재질로 평탄하게 마감하며, 넘어졌을 경우 가급적 충격이 적은 재료 사용. 의무

(3) 손잡이

① 장애인전용시설의 복도 측면에는 손잡이를 연속하여 설치. 단, 방화문 등의 설치로 손잡이의 연속 설치 불가능할 경우에는 방화문 등의 설치에 소요되는 부분에 한하여 손잡이 미설치 가능. 의무

② 손잡이 높이는 아래 그림과 같이 바닥면으로부터 0.8m 이상 0.9m 이하로 하며, 2중 설치하는 경우는 윗쪽 손잡이는 0.85m 내외, 아랫쪽 손잡이는 0.65m 내외. 의무

③ 손잡이 지름은 아래 그림과 같이 3.2cm 이상 3.8cm 이하. 의무

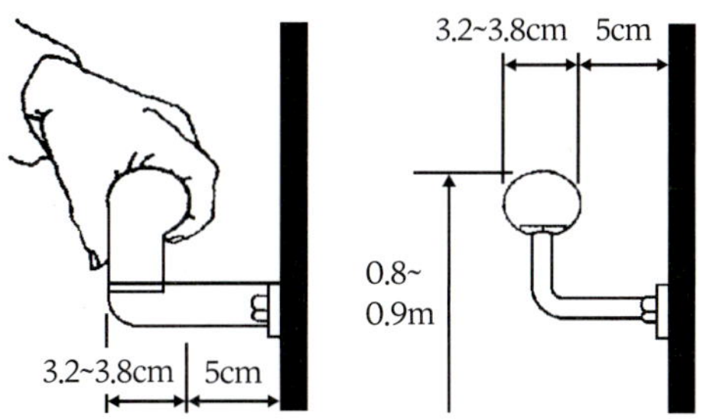

④ 손잡이를 벽에 설치하는 경우 벽과 손잡이의 간격은 5cm 내외. 의무

⑤ 손잡이의 양끝부분 및 굴절부분에는 점자표지판 부착. 의무

(4) 보행장애물

① 통로 바닥면으로부터 높이 0.6m에서 2.1m 이내의 벽면으로부터 돌출된 물체의 돌출 폭은 0.1m 이하. 권장

② 통로 바닥면으로부터 높이 0.6m에서 2.1m 이내의 독립기둥이나 받침대에 부착된 설치물의 돌출 폭은 0.3m 이하. 권장

③ 통로 상부는 바닥면으로부터 2.1m 이상의 유효높이 확보. 단, 유효높이 2.1m 이내에 장애물이 있는 경우에는 바닥면으로부터 높이 0.6m 이하에 접근방지용 난간 또는 보호벽 설치. 의무

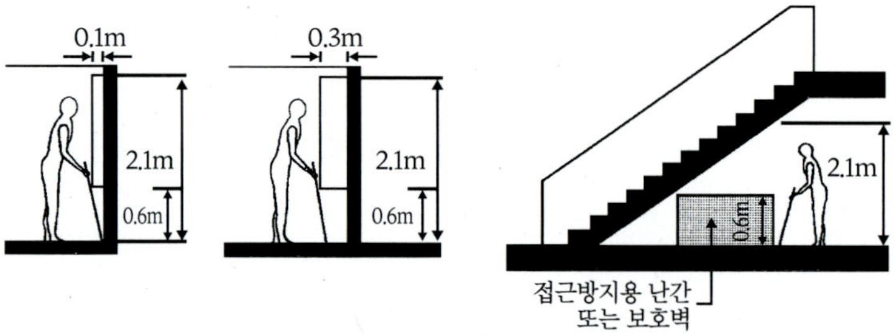

(5) 안전성 확보

① 휠체어사용자의 안전을 위하여 복도 벽면에는 바닥면으로부터 0.15m에서 0.35m까지 킥 플레이트 설치. 권장

② 복도의 모서리 부분은 둥글게 마감. 권장

6) 장애인 등의 통행이 가능한 계단

(1) 계단의 형태

① 계단은 직선 또는 꺾임형태로 설치. 권장

② 바닥면으로부터 높이 1.8m 이내마다 휴식 위해 수평면의 참 설치. 권장

(2) 유효폭

계단 및 참의 유효폭은 1.2m 이상(의무). 단, 건축물의 옥외피난계단은 0.9m 이상 가능.

(3) 디딤판과 챌면

① 계단에는 챌면을 반드시 설치. 의무

② 디딤판 너비는 0.28m 이상, 챌면 높이는 0.18m 이하로 하되, 동일한 계단(참을 설치하는 경우에는 참까지의 계단)에서 디딤판의 너비와 챌면의 높이는 균일하게 함. 의무

③ 디딤판 끝부분에 아래 그림과 같이 발끝이나 목발의 끝이 걸리지 않도록 챌면 기울기는 디딤판 수평면으로부터 60도 이상으로 하며, 계단코는 3cm 이상 돌출되지 않게 함. 의무

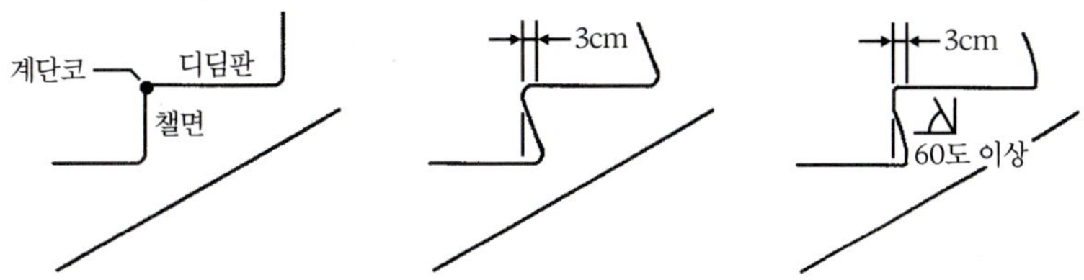

(4) 손잡이 및 점자표지판

① 계단 측면에는 손잡이를 연속 설치. 단, 방화문 등의 설치로 손잡이를 연속하여 설치할 수 없는 경우는 방화문 등의 설치에 소요되는 부분에 한하여 손잡이 미설치 가능. 의무

② 경사면에 설치된 손잡이 끝부분에는 0.3m 이상의 수평손잡이 설치. 의무

③ 손잡이 양끝부분 및 굴절부분에는 층수·위치 등을 나타내는 점자표지판 부착. 의무

④ 손잡이에 관한 기타 세부기준은 제7호의 복도의 손잡이에 관한 규정 적용.

(5) 재질과 마감

① 계단 바닥표면은 미끄러지지 아니하는 재질로 평탄하게 마감. 권장

② 계단코는 줄눈 넣기를 하거나 경질 고무류 등의 미끄럼 방지재로 마감. 단, 바닥표면 전체를 미끄러지지 아니하는 재질로 마감한 경우에는 그러하지 아니함. 의무

③ 계단이 시작되는 지점과 끝나는 지점의 0.3m 전면에는 계단의 폭만큼 점형블록을 설치하거나 시각장애인이 감지할 수 있도록 바닥재의 질감 등을 다르게 함. 의무

(6) 기타 설비

① 계단 측면에 난간을 설치하는 경우에는 난간 하부에 바닥면으로부터 높이 2cm 이상의 추락 방지턱 설치. 권장

② 계단코 색상은 계단의 바닥재 색상과 달리 함. 권장

7) 장애인용 승강기

(1) 설치소 및 활동공간

① 장애인용 승강기는 장애인 등의 접근이 가능한 통로에 연결하여 설치하되, 가급적 건축물 출입구와 가까운 위치에 설치. 의무

② 승강기 전면에는 1.4m×1.4m 이상의 활동공간 확보. 의무

③ 승강장 바닥과 승강기 바닥의 틈은 3cm 이하. 의무

(2) 크기

① 승강기 내부의 유효바닥면적은 폭 1.1m 이상, 깊이 1.35m 이상. 단, 신축 건물의 경우는 폭 1.6m 이상. 의무

② 출입문의 통과 유효폭은 0.8m 이상으로 하되, 신축건물의 경우는 출입문의 통과 유효폭을 0.9m 이상 가능. 의무 권장

(3) 이용자 조작설비

① 호출버튼·조작반·통화장치 등 승강기 안팎에 설치되는 모든 스위치 높이는 바닥면으로부터 0.8m 이상 1.2m 이하로 설치. 단, 스위치 수가 많아 1.2m 이내에 설치가 곤란한 경우는 1.4m 이하까지 완화가능. 의무

② 승강기 내부의 휠체어 사용자용 조작반은 진입방향 우측면에 가로형으로 설치하고, 그 높이는 바닥면으로부터 0.85m 내외. 단, 승강기의 유효 바닥면적이 1.4m×1.4m 이상인 경우는 진입방향 좌측면에 설치가능. 의무

③ 조작설비 형태는 버튼식으로 하되, 시각장애인 등이 감지할 수 있도록 층수 등은 점자로 표시. 의무

④ 조작반·통화장치 등에는 점자표지판 부착. 의무

(4) 기타 설비

① 승강기 내부에는 수평손잡이를 바닥에서 0.8m 이상 0.9m 이하의 위치에 연속 설치하거나, 수평손잡이 사이에 3cm 이내의 간격을 두고 측면과 후면에 각각 설치하되, 손잡이에 관한 세부기준은 제7호의 복도 손잡이에 관한 규정 적용. 의무

② 승강기 내부 후면에는 내부에서 휠체어가 180도 회전이 불가능할 경우 휠체어가 후진하여 문의 개폐여부를 확인하거나 내릴 수 있도록 승강기 후면 0.6m 이상의 높이에 견고한 재질의 거울 설치. 의무

③ 각 층의 승강장에는 승강기의 도착여부를 표시하는 점멸등과 음향신호장치 설치하며, 승강기 내부에는 도착 층과 운행상황을 표시하는 점멸등 및 음성신호장치 설치. 의무

④ 광감지식 개폐장치를 설치하는 경우 바닥면으로부터 0.3m에서 1.4m 이내의 물체를 감지할 수 있도록 함. 의무

⑤ 사람이나 물체가 승강기문의 중간에 끼었을 경우 문의 작동이 자동적으로 멈추고 다시 열리는 되열림장치 설치. 의무

⑥ 각 층의 장애인용 승강기 호출버튼의 0.3m 전면에 점형블록을 설치하거나 시각장애인이 감지할 수 있도록 바닥재 질감 등을 달리함. 의무

⑦ 승강기 내부의 상황을 외부에서 알 수 있도록 승강기 전면의 일부에 유리 사용가능. 권장

⑧ 승강기 내부의 층수 선택버튼을 누르면 점멸등이 켜짐과 동시에 음성으로 선택된 층수 안내해주어야 함. 또한, 층수선택 버튼이 토글방식인 경우 처음 눌렀을 때에는 점멸등이 켜지면서 선택한 층수에 대한 음성안내가, 두 번째 눌렀을 때에는 점멸등이 꺼지면서 취소라는 음성안내가 나오도록 하여야 함. 의무

⑨ 층별로 출입구가 다른 경우 반드시 음성으로 출입구 방향을 알려주어야 함. 의무

⑩ 출입구, 승강대, 조작기의 조도는 저시력인 등 장애인의 안전을 위하여 최소 150LX 이상으로 하여야 함. 의무

8) 장애인용 에스컬레이터

(1) 유효폭 및 속도

① 장애인용 에스컬레이터의 유효폭은 0.8m 이상. 의무

② 속도는 분당 30m 이내. 의무

(2) 디딤판

① 휠체어 사용자가 승·하강할 수 있도록 에스컬레이터 디딤판은 3매 이상 수평 상태로 이용할 수 있게 하여야 함. 의무

② 디딤판 시작과 끝부분의 바닥판은 얇게 할 수 있음. 권장

(3) 손잡이

① 에스컬레이터의 양 측면에는 디딤판과 같은 속도로 움직이는 이동손잡이 설치하여야 함. 의무

② 에스컬레이터의 양 끝부분에는 수평이동손잡이를 1.2m 이상 설치하여야 함. 의무

③ 수평이동손잡이 전면에는 1m 이상의 수평 고정손잡이를 설치할 수 있으며, 수평 고정손잡이에는 층수·위치 등을 나타내는 점자표지판을 부착하여야 함. 권장

9) 휠체어리프트

(1) 일반사항

① 계단 상부와 하부 각 1개소에 탑승자 스스로 휠체어 리프트를 사용할 수 있는 설비를 1.4m×1.4m 이상의 승강장을 갖추어야 함. 의무

② 승강장에는 휠체어 리프트사용자의 이용편의를 위하여 시설관리자 등의 호출용 벨 설치 및 작동설명서 부착. 의무

③ 운행 중 돌발상태가 발생하는 경우 비상 정지시킬 수 있고, 과속을 제한할 수 있는 장치 설치하여야 함. 의무

(2) 경사형 휠체어 리프트

① 경사형 휠체어 리프트는 휠체어 받침판의 유효면적을 폭 0.76m 이상, 길이 1.05m 이상으로 하며, 휠체어 사용자가 탑승가능한 구조. 의무

② 운행 중 휠체어가 구르거나 장애물과 접촉할 경우 자동정지 가능하도록 감지장치 설치하며, 안전판이 열린 상태로 운행되지 아니하도록 내부 잠금장치 갖춤. 의무

③ 휠체어 리프트를 사용하지 아니할 때에는 지정장소에 접어서 보관할 수 있게 하되, 벽면으로부터 0.6m 이상 돌출되지 않도록 함. 의무

(3) 수직형 휠체어 리프트

수직형 휠체어 리프트는 내부의 유효 바닥면적을 폭 0.9m 이상, 깊이 1.2m 이상으로 하여야 함. 권장

10) 경사로

(1) 유효폭 및 활동공간

① 경사로 유효폭은 1.2m 이상. 단, 건축물을 증축·개축·재축·이전·대수선 또는 용도변경하는 경우로서 1.2m 이상의 유효폭 확보가 곤란한 경우는 0.9m까지 완화가능. 의무

② 바닥면으로부터 높이 0.75m 이내마다 휴식가능토록 수평면의 참 설치. 의무

③ 경사로의 시작과 끝, 굴절부분 및 참에는 1.5m×1.5m 이상의 활동공간 확보. 단, 경사로가 직선인 경우 참의 활동공간 폭은 ①에 따른 경사로의 유효폭과 같게 할 수 있음. 의무

(2) 기울기

① 경사로 기울기는 1/12 이하. 의무

② 다음 요건을 모두 충족하는 경우는 경사로 기울기를 1/8까지 완화가능. 권장

㉠ 신축이 아닌 기존시설에 설치되는 경사로일 것

㉡ 높이가 1m 이하인 경사로로서 시설의 구조 등의 이유로 기울기를 1/12 이하로 설치하기가 어려울 것

㉢ 시설관리자 등으로부터 상시 보조서비스가 제공될 것

(3) 손잡이

① 경사로 길이가 1.8m 이상이거나 높이가 0.15m 이상인 경우는 양 측면에 손잡이 연속 설치. 의무

② 손잡이 설치하는 경우 경사로의 시작과 끝부분에 수평손잡이를 0.3m 이상 연장 설치. 의무

③ 손잡이에 관한 기타 세부기준은 제7호의 복도 손잡이에 관한 규정 적용.

(4) 재질과 마감

① 경사로 바닥표면은 잘 미끄러지지 않는 재질로 평탄하게 마감. 의무

② 양 측면에는 휠체어 바퀴가 경사로 밖으로 미끄러져 나가지 아니하도록 5cm 이상의 추락 방지턱 또는 측벽 설치가능. 권장

③ 휠체어의 벽면충돌에 따른 충격 완화를 위하여 벽에 매트 부착가능. 권장

(5) 기타 시설

건물과 연결된 경사로를 외부에 설치하는 경우 햇볕, 눈, 비 등을 가릴 수 있도록 지붕과 차양 설치가능. 의무

11) 장애인등의 이용이 가능한 화장실

(1) 일반사항

① 설치장소

㉠ 장애인 등의 이용이 가능한 화장실은 장애인 등의 접근이 가능한 통로에 연결 설치. 의무

㉡ 장애인용 변기와 세면대는 출입구(문)와 가까운 위치에 설치. 의무

② 재질과 마감

㉠ 화장실 바닥면에는 높이 차이를 두지 말고, 바닥표면은 물에 젖어도 미끄러지지 않는 재질로 마감. 의무

㉡ 화장실(장애인용 변기·세면대가 설치된 화장실이 일반 화장실과 별도로 설치된 경우에는 일반 화장실)의 0.3m 전면에 점형블록을 설치하거나 시각장애인이 감지할 수 있게 바닥재 질감 등 달리함. 의무

③ 기타 설비

㉠ 화장실(장애인용 변기·세면대가 설치된 화장실이 일반 화장실과 별도로 설치된 경우에는 일반 화장실)의 출입구(문)옆 벽면 1.5m높이에는 남자용과 여자용을 구별할 수 있는 점자표지판 부착. 의무

㉡ 세정장치·수도꼭지 등은 광감지식·누름버튼식·레버식 등 사용하기 쉬운 형태로 설치. 의무

㉢ 장애인복지시설은 시각장애인이 화장실(장애인용 변기·세면대가 설치된 화장실이 일반 화장실과 별도로 설치된 경우에는 일반 화장실)의 위치를 쉽게 알 수 있도록 안내표시와 함께 음성유도장치 설치. 의무

(2) 대변기

① 활동공간

㉠ 건물을 신축하는 경우 대변기의 유효 바닥면적이 폭 1.4m 이상, 깊이 1.8미터 이상 되도록 설치하며, 대변기의 좌측 또는 우측에는 휠체어의 측면접근을 위하여 유효폭 0.75m 이상의 활동공간 확보. 이 경우 대변기 전면에는 휠체어 회전을 위한 1.4m×1.4m 이상의 활동공간 확보가능. 의무

㉡ 신축이 아닌 기존시설에 설치하는 경우로서 시설의 구조 등의 이유로 (가)의 기준에 따라 설치하기 어려운 경우에 한하여 유효 바닥면적이 폭 1.0m 이상, 깊이 1.8m 이상이 되도록 설치. 의무

㉢ 출입문 통과 유효폭은 0.8m 이상. 의무

㉣ 출입문 형태는 미닫이문 또는 접이문으로 할 수 있으며, 여닫이문을 설치하는 경우는 바깥쪽으로 개폐. 단, 휠체어 사용자를 위하여 충분한 활동공간을 확보한 경우는 안쪽 개폐가능. 의무

② 구조

㉠ 대변기는 양변기형태로 하되, 바닥 부착형인 경우는 변기 전면의 트랩부분에 휠체어의 발판이 닿지 아니하는 형태로 함. 의무

㉡ 대변기 좌대의 높이는 바닥면으로부터 0.4m 이상 0.45m 이하. 의무

③ 손잡이

㉠ 대변기 양옆에는 아래 그림과 같이 수평 및 수직손잡이를 설치하되, 수평손잡이는 양쪽 모두 설치하며, 수직손잡이는 한쪽에만 설치가능. 의무 권장

㉡ 수평손잡이는 바닥면으로부터 0.6m 이상 0.7m 이하의 높이에 설치하되, 한쪽 손잡이는 변기중심에서 0.4m 이내 지점에 고정 설치하며, 다른쪽 손잡이는 0.6m 내외 길이로 회전식으로 설치. 이 경우 손잡이간 간격은 0.7m 내외 가능. 의무 권장

㉢ 수직손잡이 길이는 0.9m 이상으로 하되, 손잡이 제일 아랫부분이 바닥면으로부터 0.6m 내외의 높이에 오도록 벽에 고정 설치. 단, 손잡이의 안전성 등 부득이한 사유로 벽에 설치가 곤란한 경우 바닥에 고정 설치하되,

손잡이 아랫부분이 휠체어 이동에 방해되지 아니하게 함. 의무

㉣ 장애인 등의 이용편의를 위하여 수평손잡이와 수직손잡이는 이를 연결 설치가능. 이 경우 ㉢의 수직손잡이 제일 아랫부분의 높이는 연결되는 수평손잡이 높이로 함. 권장

㉤ 화장실 크기가 2m×2m 이상인 경우 천장에 부착된 사다리형태의 손잡이 설치가능. 권장

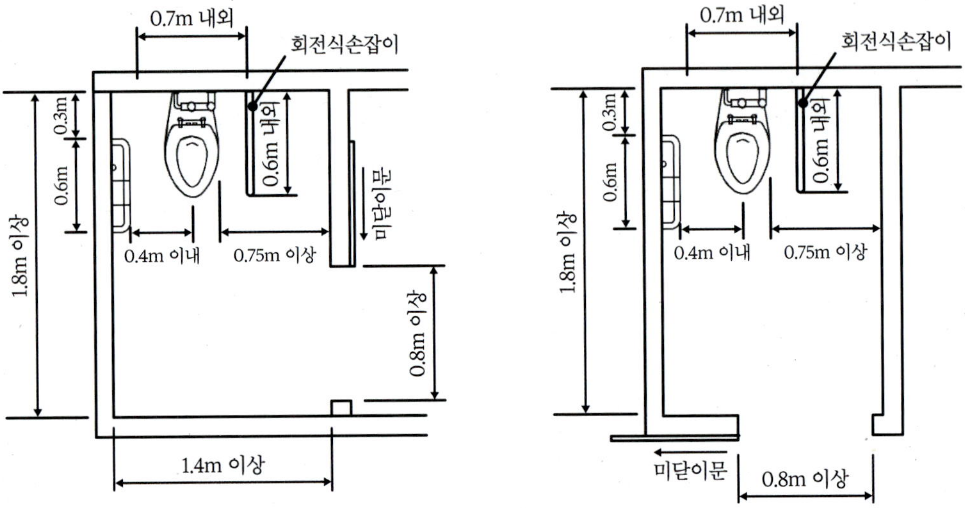

<장애인 등의 이용이 가능한 화장실(신축건물)>

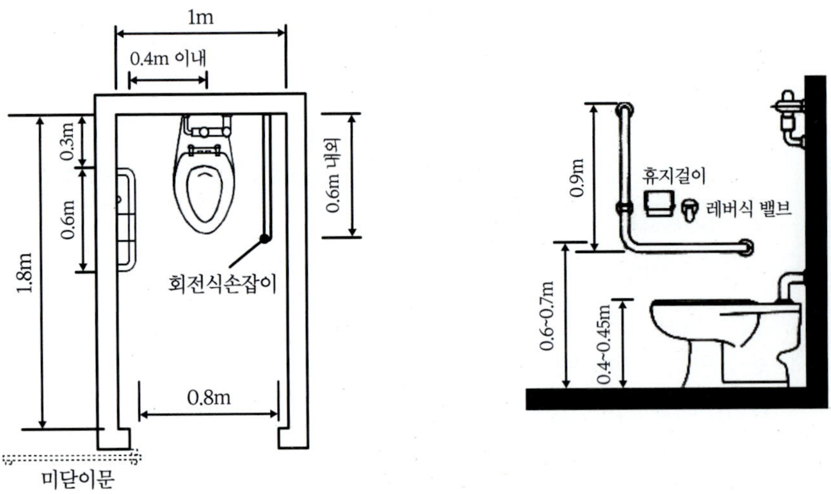

<장애인 등의 이용이 가능한 화장실(신축이 아닌 기존시설)>

④ 기타 설비

㉠ 세정장치·휴지걸이 등은 대변기에 앉은 상태에서 이용할 수 있는 위치에 설치. 의무

㉡ 출입문에는 화장실 사용여부를 시각적으로 알 수 있는 설비 및 잠금장치 갖춤. 의무

㉢ 공공업무시설, 병원, 문화 및 집회시설, 장애인복지시설, 휴게소 등은 대변기 칸막이 내부에 세면기와 샤워기 설치가능. 이 경우 세면기는 변기 앞쪽에 최소 규모로 설치하여 대변기 칸막이 내부에서 휠체어가 회전하는데 불편이 없도록 하며, 세면기에 연결된 샤워기를 설치하되 바닥으로부터 0.8m에서 1.2m 높이에 설치함. 권장

(3) 소변기

① 구조

소변기는 바닥 부착형 사용가능(권장).

② 손잡이

㉠ 소변기 양옆에는 아래 그림과 같이 수평 및 수직손잡이 설치. 의무

㉡ 수평손잡이 높이는 바닥면으로부터 0.8m 이상 0.9m 이하, 길이는 벽면으로부터 0.55m 내외, 좌우 손잡이 간격은 0.6m 내외. 의무

㉢ 수직손잡이 높이는 바닥면으로부터 1.1m 이상 1.2m 이하, 돌출 폭은 벽면으로부터 0.25m 내외로 하며, 하단부가 휠체어 이동에 방해가 되지 않도록 함. 의무

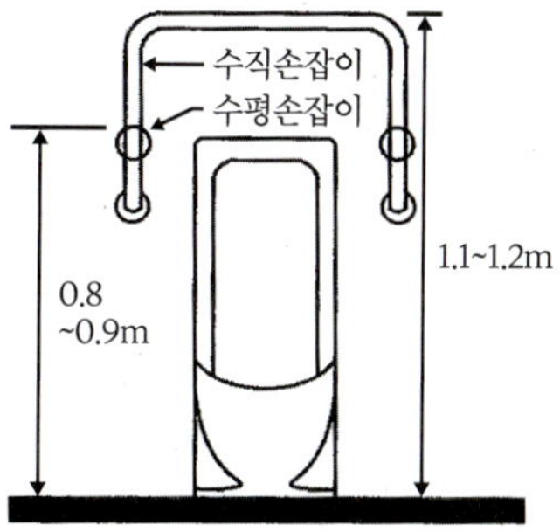

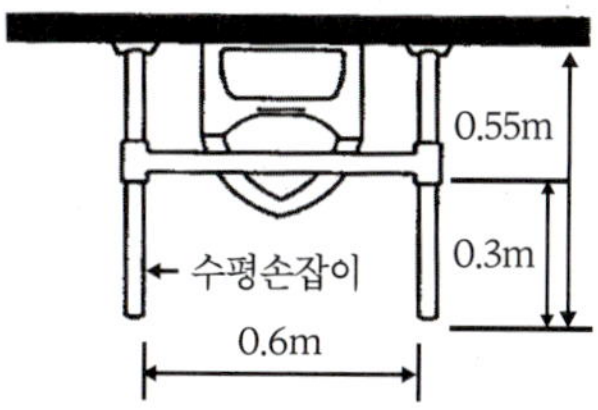

(4) 세면대

① 구조

㉠ 휠체어 사용자용 세면대 상단높이는 바닥면으로부터 0.85m, 하단 높이는 0.65m 이상. 의무

㉡ 세면대 하부는 무릎과 휠체어 발판이 들어갈 수 있게 함. 의무

② 손잡이 및 기타 설비

㉠ 목발 사용자 등 보행 곤란자를 위하여 세면대 양옆에는 수평손잡이 설치가능. 권장

㉡ 수도꼭지는 냉·온수 구분을 점자로 표시. 의무

㉢ 휠체어 사용자용 세면대 거울은 아래 그림과 같이 세로길이 0.65m 이상, 하단 높이는 바닥면으로부터 0.9m 내외로 설치가능, 거울 상단부분은 15도 정도 앞으로 경사지게 하거나 전면거울 설치가능. 권장

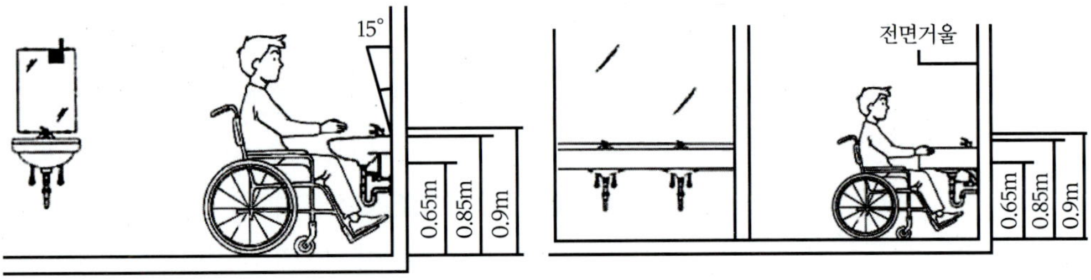

12) 장애인 등의 이용이 가능한 욕실

(1) 설치장소

욕실은 장애인 등의 접근이 가능한 통로에 연결 설치. 의무

(2) 구조

① 출입문 형태는 미닫이문 또는 접이문 사용가능. 권장

② 욕조 전면에는 휠체어를 탄 채 접근이 가능한 활동공간 확보. 의무

③ 욕조 높이는 바닥면으로부터 0.4m 이상 0.45m 이하. 의무

(3) 바닥

① 욕실 바닥면높이는 탈의실 바닥면과 동일 가능. 권장

② 바닥면 기울기는 1/30 이하. 의무

③ 욕실 및 욕조의 바닥표면은 물에 젖어도 미끄러지지 아니하는 재질로 마감. 의무

(4) 손잡이

욕조 주위에 수평 및 수직손잡이 설치가능. 권장

(5) 기타 설비

① 수도꼭지는 광감지식·누름버튼식·레버식 등 사용하기 쉬운 형태로 설치하며, 냉·온수 구분은 점자 표시가능. 의무 권장

② 샤워기는 앉은 채 손이 도달할 수 있는 위치에 레버식 등 사용하기 쉬운 형태로 설치. 의무

③ 욕조에 휠체어에서 옮겨 앉을 수 있는 좌대를 욕조와 동일한 높이로 설치. 권장

④ 욕실 내에서의 비상사태에 대비하여 욕조로부터 손이 쉽게 닿는 위치에 비상용 벨 설치. 의무

13) 장애인 등의 이용이 가능한 샤워실 및 탈의실

(1) 설치장소

샤워실과 탈의실은 장애인 등의 접근이 가능한 통로에 연결 설치. 의무

(2) 구조

① 출입문 형태는 미닫이문 또는 접이문 사용가능. 권장

② 샤워실(샤워부스 포함)의 유효 바닥면적은 0.9m×0.9m 또는 0.75m ×1.3m 이상. 의무

(3) 바닥

① 샤워실 바닥면의 기울기는 1/30 이하. 의무

② 샤워실 바닥표면은 물에 젖어도 미끄러지지 않는 재질로 마감. 의무

(4) 손잡이

샤워실에는 장애인 등이 신체 일부를 지지할 수 있도록 수평 또는 수직손잡이 설치가능. 권장

(5) 기타 설비

① 수도꼭지는 광감지식·누름버튼식·레버식 등 사용하기 쉬운 형태로 설치하며, 냉·온수의 구분은 점자로 표시가능. 의무 권장

② 샤워기는 앉은 채 손이 도달할 수 있는 위치에 레버식 등 사용하기 쉬운 형태로 설치. 의무

③ 샤워실에는 아래 그림 같이 샤워용 접이식의자를 바닥면으로부터 0.4m 이상 0.45m 이하의 높이로 설치. 의무

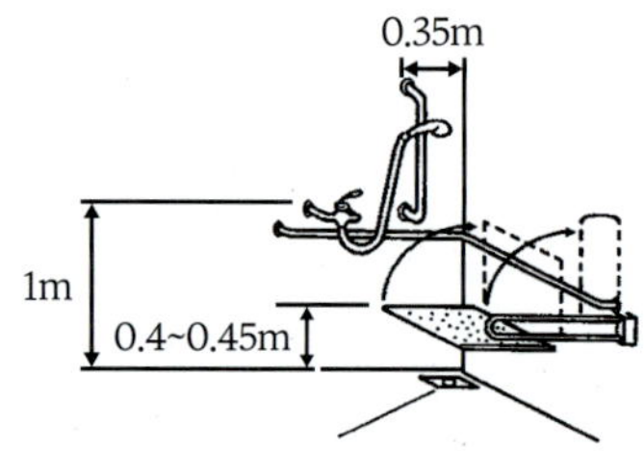

④ 탈의실 수납공간의 높이는 휠체어사용자가 이용할 수 있도록 바닥면으로부터 0.4m 이상 1.2m 이하로 설치하며, 그 하부는 무릎 및 휠체어의 발판이 들어갈 수 있도록 함. 의무

14) 점자블록

(1) 규격 및 색상

① 시각장애인의 보행편의를 위하여 점자블록은 아래 그림 같은 감지용 점형블록과 유도용 선형블록 사용. 의무

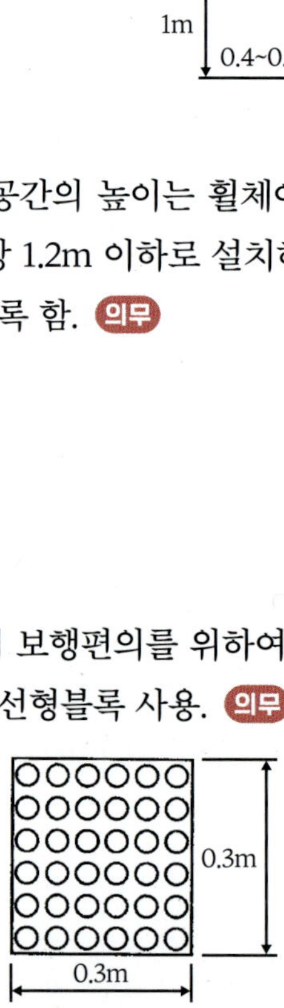

점형블록

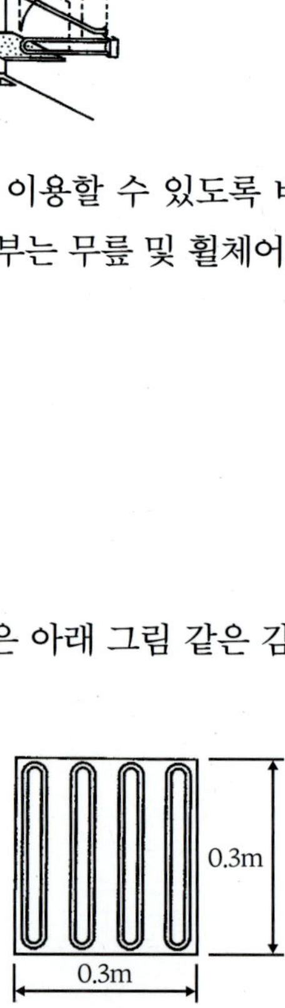

선형블록

② 점자블록 크기는 0.3m×0.3m인 것을 표준형으로 하며, 그 높이는 바닥재 높이와 동일. 의무

③ 점형블록은 블록당 36개의 돌출점을 가진 것을 표준형으로 함. 의무

④ 점형블록 돌출점은 반구형·원뿔절단형 또는 이 두 가지의 혼합배열형으로 하며, 돌출점 높이는 0.6±0.1cm. 의무

⑤ 선형블록은 블록당 4개의 돌출선을 가진 것을 표준형으로 함. 의무

⑥ 선형블록 돌출선은 상단부평면형, 돌출선 높이는 0.5±0.1 cm. 의무

⑦ 점자블록 색상은 원칙적으로 황색으로 사용하되, 바닥재 색상과 비슷하여 구별하기 어려운 경우는 다른 색상 사용가능. 의무

⑧ 실외에 설치하는 점자블록의 경우 햇빛이나 불빛 등에 반사되거나 눈, 비 등에 미끄러지기 쉬운 재질 사용불가. 의무

(2) 설치방법

① 점형블록은 계단·장애인용 승강기·화장실·승강장 등 시각장애인을 유도할 필요가 있거나 시각장애인에게 위험한 장소의 0.3m 전면, 선형블록이 시작·교차·굴절되는 지점에 설치. 단, 시각장애인의 통행상 안전을 위하여 필요한 경우는 0.3m 내지 0.9m의 범위 안에서 설치가능. 의무

② 선형블록은 대상시설의 주출입구와 연결된 접근로에서 시각장애인을 유도하는 용도로 사용하며, 유도방향에 따라 평행하게 연속 설치. 의무

15) 시각장애인 유도·안내설비

(1) 점자안내판 또는 촉지도식 안내판

① 점자안내판 또는 촉지도식 안내판에는 주요시설 또는 방의 배치를 점자, 양각면 또는 선으로 간략하게 표시. 의무

② 일반 안내도가 설치되어 있는 경우 점자를 병기하여 점자안내판에 갈음 가능. 권장

③ 점자안내판 또는 촉지도식 안내판은 점자안내표시 또는 촉지도의 중심선이 바닥면으로부터 1.0m 내지 1.2m의 범위 안에 있도록 설치. 단, 점자안내판 또는 촉지도식 안내판을 수직 설치하거나 점자안내표시 또는 촉지도 내용이 많아 1.0m 내지 1.2m의 범위 안에 설치 곤란한 경우 점자안내표시 또는 촉지도의 중심선이 1.0m 내지 1.5m의 범위에 있도록 설치 가능. 의무

(2) 음성안내장치

시각장애인용 음성 안내장치는 주요시설 또는 방의 배치를 음성으로 안내. 의무

(3) 기타 유도신호장치

시각장애인용 유도신호장치는 음향·시각·음색 등을 고려하여 설치하고(의무), 특수 신호장치 소지한 시각장애인이 접근할 경우 대상시설 이름을 안내하는 전자식 신호장치 설치가능.

16) 시각 및 청각장애인 경보·피난 설비

시각 및 청각장애인 경보·피난 설비는 「소방시설설치유지 및 안전관리에 관한 법률」에 따름. 이 경우 청각장애인을 위하여 비상벨설비 주변에는 점멸형태의 비상경보 등을 함께 설치. 의무

17) 장애인 등의 이용이 가능한 객실 또는 침실

(1) 설치장소

장애인용 객실 또는 침실(이하 "객실 등")은 식당·로비 등 공용공간에 접근하기 쉬운 곳에 설치하며(의무), 승강기가 가동되지 않을 때도 접근 가능하도록 주출입층에 설치가능.

(2) 구조

① 휠체어사용자를 위한 객실 등은 온돌방보다 침대방 사용가능. 권장

② 객실 등의 내부에는 휠체어 회전 공간 확보. 의무

③ 침대 높이는 바닥면으로부터 0.4m 이상 0.45m 이하로 하며, 그 측면에는 1.2m 이상의 활동공간 확보. 의무

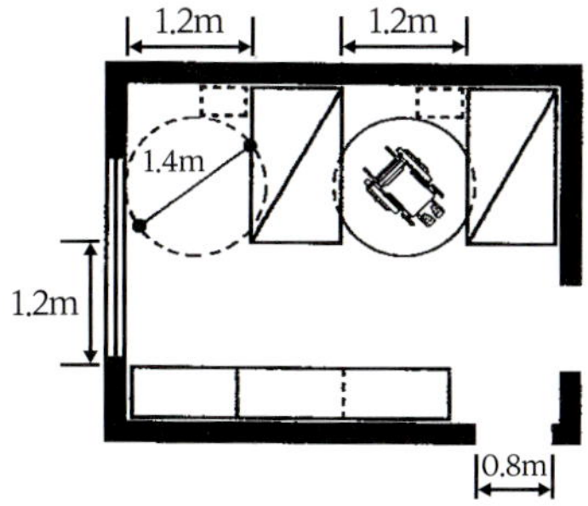

(3) 바닥

① 객실 등의 바닥면에는 높이 차이 두지 않음. 의무

② 바닥표면은 미끄러지지 아니하는 재질로 평탄하게 마감. 의무

(4) 기타 설비

① 객실 등의 출입문옆 벽면의 1.5m 높이에는 방 이름을 표기한 점자표지판 부착. 의무

② 객실 등에 화장실 및 욕실을 설치하는 경우에는 제13호 및 제14호의 장애인 등의 이용이 가능한 화장실의 (1)일반사항 중 ②의 ㉠·(3)의 ㉡, (2)대변기 중 ① 내지 ③·④의 ㉠, (4)세면대 및 장애인 등의 이용이 가능한 욕실의 (2) 내지 (5)의 규정 적용.

③ 콘센트·스위치·수납선반·옷걸이 등의 높이는 바닥면으로부터 0.8m 이상 1.2미터 이하로 설치. 의무

④ 객실 등·화장실 및 욕실에는 초인종과 함께 청각장애인용 초인등 설치. 의무

⑤ 객실 등에는 건축물 전체의 비상경보시스템과 연결된 청각장애인용 경보설비 설치. 의무

18) 장애인 등의 이용이 가능한 관람석 또는 열람석

(1) 설치장소

휠체어 사용자를 위한 관람석 또는 열람석은 출입구 및 피난통로에서 접근하기 쉬운 위치에 설치. 의무

(2) 관람석의 구조

① 휠체어 사용자를 위한 관람석의 유효바닥면적은 1석당 폭 0.9m 이상, 깊이 1.3m 이상. 의무

② 휠체어 사용자를 위한 관람석은 항상 비워 놓거나, 이동식 좌석을 사용하여 휠체어 사용자를 위한 관람석을 마련. 의무

③ 난청자를 위하여 자기(磁氣)루프, FM송수신장치 등 집단보청장치 설치가능. 권장

(3) 열람석의 구조

① 열람석 상단까지의 높이는 바닥면으로부터 0.7m 이상 0.9m 이하. 의무

② 열람석 하부에는 무릎 및 휠체어의 발판이 들어갈 수 있도록 바닥면으로부터 높이 0.65m 이상, 깊이 0.45m 이상의 공간 확보. 의무

19) 장애인 등의 이용이 가능한 접수대 또는 작업대

(1) 활동공간

접수대 또는 작업대 전면에는 휠체어를 탄 채 접근 가능한 활동공간 확보. 의무

(2) 구조

① 접수대 또는 작업대 상단까지의 높이는 아래 그림같이 바닥면으로부터 0.7m 이상 0.9m 이하. 의무

② 접수대 또는 작업대의 하부에는 무릎 및 휠체어의 발판이 들어갈 수 있게 바닥면으로부터 높이 0.65m 이상, 깊이 0.45m 이상의 공간 확보. 의무

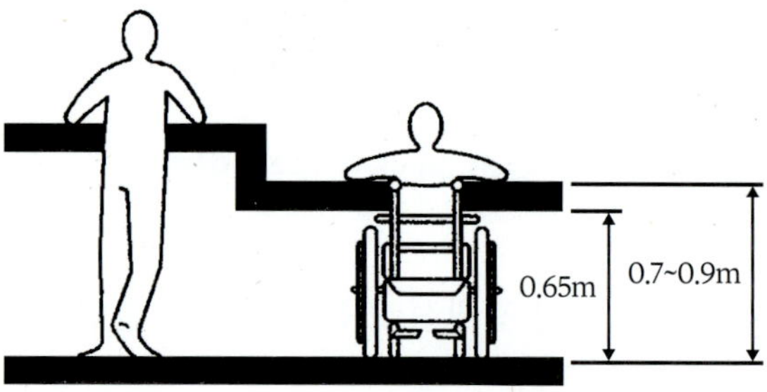

20) 장애인 등의 이용이 가능한 매표소·판매기 또는 음료대

(1) 활동공간

매표소·판매기 또는 음료대 전면에는 휠체어 탄 채 접근가능한 활동공간 확보. 의무

(2) 구조

① 매표소 높이는 바닥면으로부터 0.7m 이상 0.9m 이하로 하며, 하부에는 무릎 및 휠체어의 발판이 들어갈 수 있도록 바닥면으로부터 0.65m 이상, 깊이 0.45m 이상의 공간 확보. 의무

② 자동판매기 또는 자동발매기의 동전투입구·조작버튼·상품출구 높이는 0.4m 이상 1.2m 이하. 의무

③ 음료대 분출구 높이는 0.7m 이상 0.8m 이하. 의무

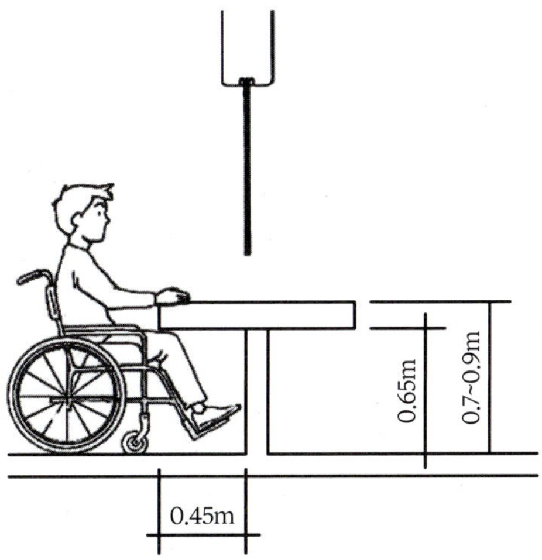

(3) 기타 설비

① 자동판매기 및 자동발매기 조작버튼에는 품목·금액·행선지 등을 점자로 표시. 의무

② 음료대 조작기는 광감지식·누름버튼식·레버식 등 사용하기 쉬운 형태로 설치. 의무

③ 매표소 또는 자동발매기의 0.3m 전면에는 점형블록을 설치하거나 시각장애인이 감지할 수 있도록 바닥재 질감 등을 달리 함. 의무

21) 장애인 등의 이용이 가능한 공중전화

(1) 설치장소

공중전화는 장애인 등의 접근이 가능한 보도 또는 통로에 설치. 의무

(2) 구조

① 전화대 하부에는 무릎 및 휠체어의 발판이 들어갈 수 있도록 바닥면으로부터 높이 0.65m 이상, 깊이 0.25m 이상의 공간 확보. 의무

② 전화부스를 설치할 경우 보도 또는 통로와 높이 차이 두지 않음. 의무

(3) 이용자 조작설비

옆 그림같이 동전 또는 전화카드 투입구, 전화다이얼 및 누름버튼 등의 높이는 바닥면으로부터 0.9m 이상 1.4m 이하. 의무

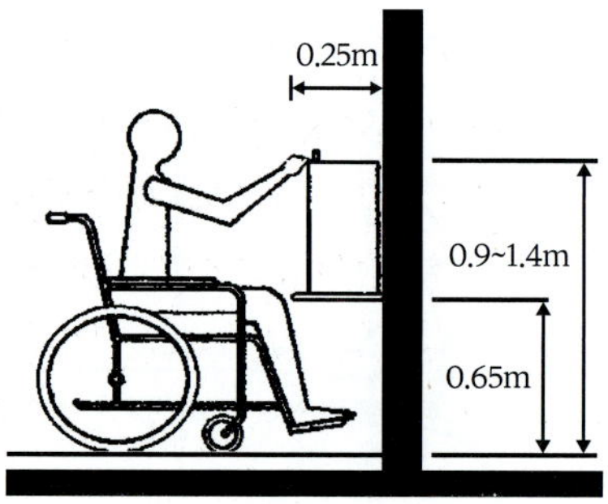

(4) 기타 설비

지팡이 및 목발 사용자가 몸을 지지할 수 있도록 전화부스 양쪽에 손잡이 설치하거나, 지팡이 및 목발을 세울 곳 마련. 권장

22) 장애인 등의 이용이 가능한 우체통

(1) 설치장소

우체통은 장애인 등의 접근이 가능한 보도 또는 통로에 설치. 의무

(2) 구조

우체통 투입구 높이는 0.9m 이상 1.2m 이하. 의무

23) 임산부 등을 위한 휴게시설

(1) 설치장소

임산부 등을 위한 휴게시설은 휠체어 사용자 및 유모차가 접근가능한 위치에 설치. 의무

(2) 구조

① 임산부 등을 위한 휴게시설에는 수유실로 사용가능한 장소를 별도로 마련하되, 기저귀교환대, 세면대 등의 설비 갖춤. 의무

② 기저귀 교환대, 세면대 등은 휠체어 사용자가 접근 가능하도록 가로 1.4m, 세로 1.4m의 공간을 확보하고, 기저귀 교환대 및 세면대의 상단 높이는 바닥면으로부터 0.85m 이하, 하단 높이는 0.65m 이상으로 하며, 하부에는 휠체어의 발판이 들어갈 수 있도록 설치. 의무

③ 공간의 효율적인 이용을 위하여 기저귀 교환대는 접이식 설치가능. 권장

05 편의시설의 안내표시기준

(1) 안내표시 기준

① 안내표시 색상은 청색과 백색 사용. 의무

② 안내표시 크기는 단면 0.1m 이상. 의무

③ 시각장애인용 안내표지와 청각장애인용 안내표지는 기본형과 함께 설치. 의무

④ 시각장애인을 위한 안내표지에는 점자 병기. 의무

⑤ 설치방법은 장애인의 이동에 안전하고 지장이 없도록 배려하며, 사용 장애인의 신체적인 특성을 고려하여 결정가능. 의무 권장

(2) 작도법

편의시설 안내표지는 다음과 같이 제작. 의무

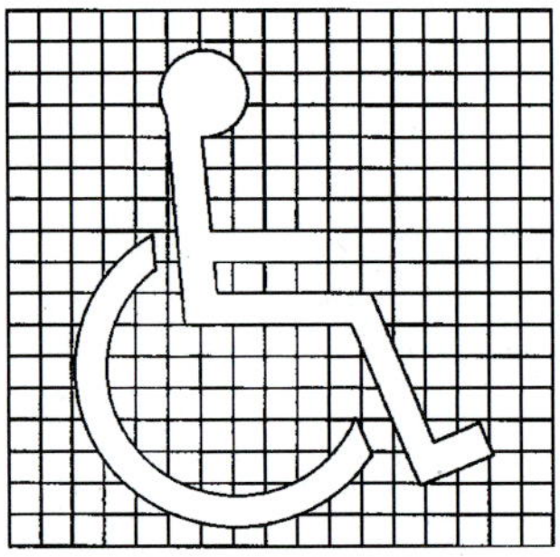

기본형

시각장애인용

청각장애인용

3부

유니버설 디자인의 적용사례

제6장 미국의 유니버설 디자인

유니버설 디자인이 시작된 곳은 미국이다. 노스캐롤라이나(North Carolina) 대학의 유니버설 디자인 센터는 유니버설 디자인의 개념과 7가지 원리 등을 개발하여 소개하였으며 이것이 기초가 되어 현재 세계 각 국에서 유니버설 디자인을 실행해 나가고 있다.

미국의 경우 초기에는 노스캐롤라이나대학의 유니버설 디자인 센터가 주축이 되어 다양한 제품과 환경에 대한 연구와 개발이 활발하였다. 홈페이지를 통한 확산뿐 아니라 1995년에 뉴욕에서 유니버설 디자인 컨퍼런스를 개최하면서 유니버설 디자인의 확산에 기여하였으며 현재도 세인트 루이스지역의 관련 단체들이 주축이 되어 실제 공간에 적용하는 활동과 Universal Design Summit 등 학술대회를 정기적으로 개최하고 있다(그림 6-1).

그림 6-1 UD summit 5

미국에서는 장애인법(ADA)을 시작으로 접근성법 등 유니버설 디자인 관련 법들이 연방정부와 주에서 제정하여 실행하고 있다. 또한 뉴욕시에서는 뉴욕시를 유니버설 디자인 시로 만들겠다는 정책을 설정하고 2001년과 2003년 「universal design new york」1과 2를 발행하여 가이드라인을 만들어 실행하기도 하였다(그림 6-2).

그림 6-2 뉴욕시에서 발행한 UD 가이드라인

01 세인트 루이스 지역의 주택

다음은 세인트 루이스(St. Louis)에 위치하고 있는 유니버설 디자인 개념을 적용하여 계획한 주택디자인 사례이다. 이 곳은 도심지에 위치하고 있으며 소득수준이 다양한 가족을 대상으로 하였으며 총 82세대로 구성된 공동주택이다. 장애인이나 노인 등 누구나가 거주할 수 있도록 설계하여 지은 유니버설 주택이다.

- 긴 현관 지붕과 높이차이 없는 현관입구
  - 1층 현관 출입구에 지붕을 길게 하여 눈이나 비가 오는 날씨에도 우산을 사용하지 않고 내부로의 진입을 그대로 할 수 있도록 하였다(그림 6-3 왼쪽). 또한 바닥을 높이차이 없게 하여 휠체어 사용자 등도 자립적으로 출입이 가능하게 하였다.

- 자동식 여닫이문 앞 동작공간

  - 단차 없이 평편한 바닥을 하여 휠체어 사용자나 다리가 불편한 사람 등 모두가 장애없이 이용할 수 있도록 하였다. 출입문 앞에 충분한 동작공간을 두어 휠체어 사용자가 자동식 여닫이문 버튼을 누르고 기다릴 수 있는 동작공간을 충분히 확보해 주었다(그림 6-3 중간과 오른쪽).

긴 현관지붕과
높이 차이 없는 현관입구

자동식 여닫이
문 앞 동작 여유공간

현관에서 내부공간 및
후문까지 높이차이 없는 바닥

그림 6-3 유니버설 주택의 출입구와 평편한 바닥

- 단 차이없는 단위주택 출입구

  - 주차장이나 실외공간에서 단위주택으로 들어가는 출입구까지 단차 없이 평편하게 하여 휠체어 사용자 등도 편리하게 들어갈 수 있게 하였다(그림 6-4).

단 차이 없이 처리하여 휠체어 사용자 등도 이용가능한 단위주택 출입구

그림 6-4 주차장이나 외부공간에서 각 주거세대로 들어가는 출입구

- 일정한 복도 유효폭 확보

- 휠체어 사용자나 누군가의 도움을 받으며 이동하는 사람들은 일반인보다 더 넓은 폭의 통행 폭을 필요로 한다. 따라서 이 주택건물의 경우 문고리 등이 통행에 방해가 되거나 복도공간의 유효 폭을 좁힐 수도 있으므로 문고리 등의 설비를 벽에 홈을 파서 벽선보다 나오지 않도록 하였다(그림 6-5).

그림 6-5 문 개폐장치

- 높낮이 조정가능한 테이블

- 거주자들이 공동모임 등으로 이용하는 1층 커뮤니티 공간에 있는 둥근 테이블을 높이조정이 가능하도록 하여 누구나가 사용할 수 있게 하였다(그림 6-6). 둥근 테이블을 좌석수를 조정할 수 있어 융통성이 있다.

그림 6-6 높낮이 조절가능한 테이블

- 개방된 개수대 하부공간
  - 개수대 하부공간은 문을 달되 아랫부분을 비워놓아서 휠체어 사용자 등이 사용할 때는 문을 열어놓고 사용할 수 있도록 하였다(그림 6-7). 개수대 깊이도 낮게 하여 접근성을 높였다.

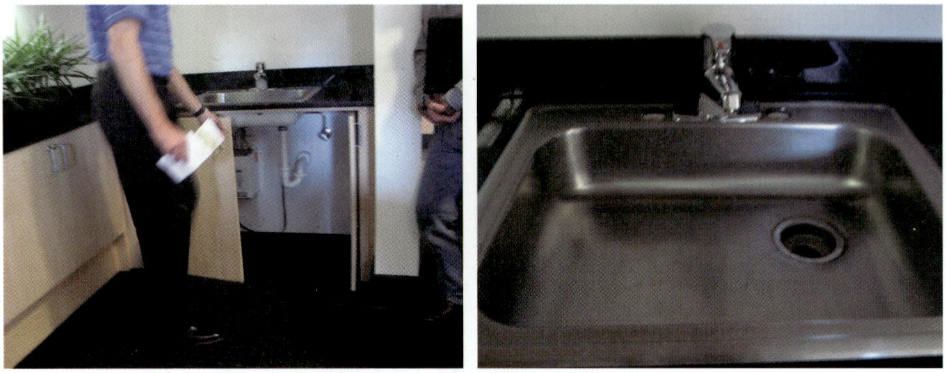

그림 6-7 커뮤니티공간의 개수대

- 바닥재 처리
  - 바닥처리의 기본은 평편함을 유지하는 것이다. 따라서 서로 다른 재질을 사용하더라도 이음새 부분이 가능한 평편하도록 하였다(그림 6-8).

그림 6-8 평편한 바닥

1) 스튜디오 형식의 유니버설 디자인 적용 주택사례

1층에 있는 스튜디오형식 주택들의 출입구이다(그림 6-9). 현관을 도로와 단차없이 평편하게 처리하여 휠체어 사용자나 이동이 불편한 사람 등 다양한 사람들의 접근성을 용이하게 하였다. 또한 인접한 도로에는 작은 나무를 심어 주변 도로와 구분하여 영역성을 확보하였으며 이를 따라 하수도도 도로와 동일한 높이로 처리하여 통로 폭 확보와 접근성을 높였다.

인접도로와 높이차이 없는 주택 출입구

영역성과 도로폭 확보

그림 6-9 스튜디오 형식의 유니버설 주택 출입구

- 거실, 침실, 부엌공간
  - 침실, 부엌, 거실공간의 바닥을 높이차이 없이 평편하게 하나의 공간으로 연결하여 접근성을 확보한 사례이다(그림 6-10).

거실과 침실 및 부엌공간과를 하나의 문으로 처리

문의 디테일

그림 6-10 스튜디오 형식 주택의 내부

침실과 부엌공간을 나란히 배치시키고 이들 공간의 문을 거실공간의 벽과 일체화 시켰다. 벽 겸 문을 천정에 레일을 설치하여 이동하게 한 경우로 바닥부분에는 홈도 설치하지 않았다. 벽 겸 문의 재료를 나무재를 사용하여 부드럽고 친근한 분위기를 내도록 하였으며 윗부분은 유리를 사용하여 문을 닫아도 거실로부터 빛이 들어오게 하였다. 바닥재도 나무를 사용하여 친근한 분위기를 연출하였다.

- 부엌 식당공간
  - 식탁을 부엌공간의 중심에 위치시키고 이 식탁 주변에 휠체어 사용자의 이동 폭을 확보하였다(그림 6-11). 또한 가열대 조절기 위치를 앞쪽으로 하여 휠체어 사용자도 사용할 수 있도록 하였다.

그림 6-11 스튜디오 형식 주택의 부엌, 식당 공간

- 개방된 개수대 아랫부분
  - 개수대 아랫부분의 수납공간은 비워놓았으나 수납장문은 부착하되 걸레받이 부분은 비워놓아 휠체어 사용자의 접근성을 용이하게 하였다. 평상시는 문을 닫아놓고 휠체어 사용자가 사용할 때에는 문을 열어놓고 사용하도록 한 것이다(그림 6-12).

그림 6-12 개수대 하부수납장 아래부분

• 욕실공간과 세탁공간

- 세면대는 일반용과 같으나 아랫부분을 비워놓아 휠체어 사용자가 접근할 수 있도록 설치하였다. 샤워공간은 바닥을 고르게 하여 접근가능하게 하고 샤워기는 높이를 사용자에 맞출 수 있는 형태를 설치하였다(그림 6-13).

세면대 접근성 | 샤워공간 접근성 | 세탁공간

그림 6-13 욕실과 세탁공간

2) 침실 1개인 주택사례

2층에는 침실 1개인 유니버설 디자인 주택들이 위치하고 있었다.

- 침실 유리문
  - 거실과 침실 사이를 벽으로 구분하는 것이 아니라 ㄱ자형태의 유리문으로 처리하여 개방감과 안전성을 제공하였다(그림 6-14 왼쪽). 거실 창문의 높이를 낮게 하여 일조를 많이 받도록 하였으며 거실에서 밖의 모습을 내다볼 수 있게 하였다.

- 접근성 제공 부엌
  - 개수대 하부수납장 문 부분엔 걸레받이를 설치하지 않고 비워놓았다(그림 6-14 중간과 오른쪽). 이는 휠체어 사용자가 문을 열고 접근하여 사용할 수 있게 하기 위함이다. 상부수납장을 낮게 설치하고 가열대 조절스위치들을 앞쪽에 두어 접근 용이하게 하였으며 작업대 깊이도 깊지 않게 하여 휠체어 사용자도 접근가능하게 하였다.

거실과 침실벽 유리문과 낮은 창	가열대 조절스위치의 전면 위치와 상부수납장의 설치	개수내 아랫부분 걸레받이 미설치로 접근성 확보

그림 6-14 유니버설 디자인 주택의 거실과 부엌

- 높이 조절 가능한 식탁
  - DK형태의 부엌에 있는 식탁은 한쪽 부분을 높이조절가능하게 하여 사용자에 맞추어 높이를 맞출 수 있게 하였다(그림 6-15).

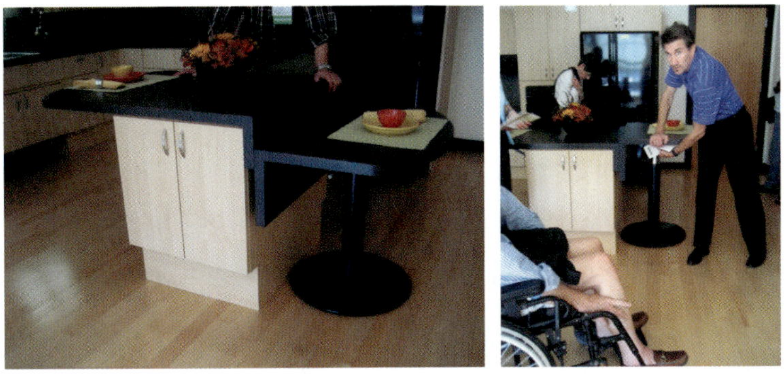

그림 6-15 높이조절 가능한 식탁

- 욕실공간
  - 접근성과 지원성을 적용하여 휠체어 사용자 등의 사용을 편리하게 한 욕실이다 (그림 6-16).

높이조절 가능한 샤워기와 지지대	샤워공간과 세면대의 접근성

그림 6-16 유니버설 디자인 주택의 욕실

3) 저소득층을 위한 아파트 단지에의 적용사례

- 현관 출입구
  - 이제까지 대부분의 주택 현관에는 2-3개의 계단을 설치하는 것이 보통이었다. 그러나 그러한 계단이 휠체어 사용자에겐 주택에의 출입을 결정짓는 큰 장애물로 작용한다. 따라서 이 주거단지에서는 계단을 설치할 경우는 경사로를 함께 설치하고 그렇지 않은 경우에는 계단이나 단 설치를 하지 않고 평편하게 처리하여 접근성을 제공하였다(그림 6-17). 이렇게 하면 휠체어 사용자는 물론 바퀴달린 가방이나 물건 등을 움직일 때도 보다 쉽게 움직일 수 있다.

그림 6-17 접근성 배려한 주택의 현관 출입구

현관 출입구에 단이 있는 주택과 단이 없는 주택이다(그림 6-18). 단 하나가 출입 여부를 결정짓는 장애물로 작용할 수 있다.

그림 6-18 보통 주택의 현관과 UD가 적용된 현관

- **레버형태의 문손잡이 등**
  - 손힘이 약하거나 손에 물건을 들고 있을 때 등의 상황에서도 열 수 있는 형태이다(그림 6-19 왼쪽). 온도조절기 등의 안내 글자나 숫자의 크기를 너무 작지 않게 하고 누구나가 알아보기 쉬운 크기와 모양으로 하였다(그림 6-19 오른쪽).

레버형 문손잡이 | 온도조절기

그림 6-19 조작하기 쉬운 형태와 크기의 문손잡이와 조절기

02 시카고의 밀레니엄 공원(Millernnium Park)

시카고에 있는 밀레니엄 공원은 2004년 완공된 시민공원으로 이 공원을 계획하면서 휠체어 사용자 등 다양한 사람들이 함께 공원을 충분히 이용할 수 있게 함으로써 동등한 기회를 제공하고자 하였다.

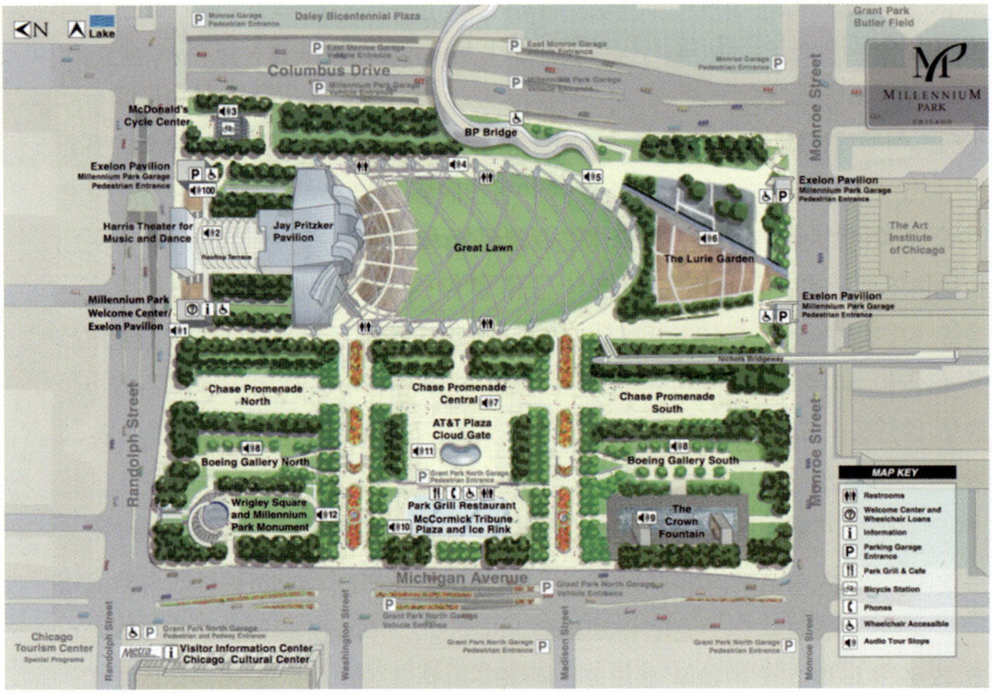

그림 6-20 시카고 밀레니엄 공원

- 보행자 동선(Pedestrian Circulation)

  - 밀레니엄 공원 전체에 걸쳐 휠체어 사용자 등도 혼자서 가고자 하는 모든 곳을 접근 가능하도록 계획하였다(그림 6-21).

그림 6-21 휠체어 사용자도 접근가능하게 한 보행자 동선

- 보행자 다리(Pedestrian Bridges)

  - 밀레니엄 공원에는 BP 다리(Frank Gehry 설계)(그림 6-22)와 Nichols 다리(Renzo Piano 설계)가 있다. 이 두 다리는 휠체어 사용자도 이용 가능하도록 경사로로 이루어져 있다. 시각적인 아름다움과 함께 다양한 사용자가 이용할 수 있도록 하는 것이 가능함을 보여주는 사례이다.

그림 6-22 휠체어 사용자 등도 접근가능한 BP 다리

- 분수대

  - 밀레니엄 공원에 있는 크라운 분수대(crown fountain)이다(그림 6-23). 물이 있는 곳과의 경계를 단차없이 평편하게 처리함으로써 휠체어 사용자도 물속에서 함께 할 수 있음을 보여준다.

그림 6-23 휠체어 사용자도 함께 할 수 있는 공원 분수대

- 공연장의 휠체어 좌석

  - 공연장인 Jay Pritzker Pavilion에 휠체어 사용자가 함께 앉을 공간을 제공해 주어 함께 공연을 즐길 수 있도록 해놓았다(그림 6-24). 즉 맨 뒷좌석 중간 중간을 비워 놓음으로써 그 공간에 휠체어나 유모차 등의 사용자가 나란히 앉아서 관람할 수 있다.

그림 6-24 공원 내 공연장의 휠체어 사용자 좌석

- **벤치**

  - 공원에 설치되어 있는 벤치들이다. 테이블과 의자가 일체화된 경우 모양을 둥글게 처리하여 양쪽에 휠체어 사용자 공간을 확보함으로써 휠체어 사용자도 자연스럽게 함께 할 수 있도록 디자인된 가구이다(그림 6-25). 또한 일자형 벤치는 양쪽과 중간에 팔걸이를 두어서 앉고 일어나기 힘들어하는 사람들이 지지대로 사용할 수도 있고 팔걸이에 기대어 앉을 수도 있도록 디자인한 의자이다.

그림 6-25 휠체어 사용자도 함께 앉을 수 있는 의자

03 뉴저지의 초·중등학교

본 자료는 미국 뉴저지 교육청의 지원으로 발달장애학생들의 교육환경 개선을 위해 진행된 연구프로젝트(A School for Everyone) 중 일부이다. 2010년 개최된 UD summit 4에서 발표된 내용을 요약하여 소개한다.[1]

이 프로젝트는 다양한 장애가 있는 학생들을 통합하여 교육할 수 있는 학교환경 조성을 목표로 학생들의 아주 다양한 디자인 욕구를 파악하여 서술하고자 하였다. 즉 장애학생의 통합에 적용할 수 있도록 사용자와 디자이너 간의 커뮤니케이션을 촉진하기 위하여 진행하였다.

이 프로젝트에서는 장애와 결함을 학습, 행동, 정형외과 장애, 자폐 스펙트럼 장애, 인지, 외상성 뇌손상, 감각장애로 구분하여 보았다. 초등학교와 중고등학교 6곳을 대상으로 하였으며 학교 관련 행정가, 교사, 학교 전문가/치료사, 부모, 학생, 도움주는 자(aides)와의 인터뷰와 관찰을 통해 디자인 욕구를 파악하였다.

이 프로젝트에서 설정한 디자인 목표와 원리는,

- 모두의 사회적 상호작용과 협동을 장려해 주는 디자인
- 다름 보다는 유사함을 강조하는 디자인
- 오명(stigma)을 제거해 주는 디자인
- 정형외과 장애가 있는 학생들이 물리적으로 접근가능한 디자인

즉 모든 학생들이 건물의 모든 공간에 접근가능하게 해주는 디자인과 모든 학생들이 동일한 길을 따라 이동하고 종일 친구들과 함께 할 수 있도록 해주는 디자인이었다.

학교의 공간별 적용할 유니버설 디자인의 지침을 보면 다음과 같다.

---

1) Hutchings, B. Lynn & Olsen, Richard V. (2010). A School for Everyone. Presenting at UD Summit 4

1) 차량 출입구로부터 건물까지

- "장애학생에게 좋은 것은 모든 사용자에게 좋다."
- 차도와 버스 및 자동차 승하차 장소를 분리시키는 것이 출, 도착 시간의 혼잡을 줄여 준다.
- 날씨가 나쁠 때 지붕이 있는 버스 승하차 공간은 모든 학생들에게 안전성, 질서, 편안함을 유지하는데 도움이 된다(그림 6-26).

그림 6-26 차를 타고 내리는 공간의 지붕설치 여부

2) 출입구와 출구

- 휠체어 사용 학생이 접근 가능한 출입구와 보통 학생들의 출입구는 동일한 출입구에 있어야 한다.
- 실내와 실외공간과의 조도가 점진적으로 변하도록 디자인한다.
- 모든 출입구와 출구를 휠체어 사용자도 접근 가능하게 한다.
- 폭이 넓은 자동문은 이동장치를 이용하는 학생이 쉽게 접근하게 해주고 보안문제도 해결해 준다.

- 경사로는 모든 학생들이 사용하도록 설치하며 중요한 장식요소가 되도록 디자인 할 수 있다. 누가 보아도 부수적이며 사용이 편리하지 않은 경사로는 설치하지 않는다(그림 6-27).

그림 6-27 계단과 경사로의 혼합사용

- 접근성을 위한 개조는 돋보이기 보다는 혼합되도록 하는 것이 수치심을 줄여주고 장애학생의 사회적 격리를 줄여준다(그림 6-28 왼쪽).
- 현관에 지붕을 설치하면 조도를 완화시켜 주며 눈이나 비 등 나쁜 날씨로부터 사람들을 보호해 준다(그림 6-28 오른쪽).

접근성을 위해 경사로를 설치한 출입구 | 지붕이 설치된 현관

그림 6-28 접근성 개조한 학교건물 출입구와 현관 지붕

• 자동문은 이동장치를 사용하는 학생들로 하여금 다른 사람의 도움 없이도 출입을 할 수 있게 해준다(그림 6-29).

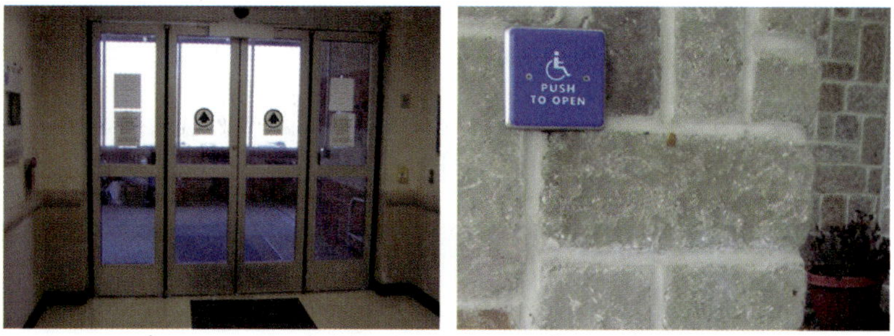

그림 6-29 자동 출입문

3) 동선 : 복도

• 창문은 길찾기를 도와주는 랜드마크로 활용될 수 있다.
• 조도의 갑작스런 변화는 저시력 학생에게 불편함을 준다.
• 복도의 폭을 일부분만 좁게 하면 수업시간을 변경할 때 병목지역을 생기게 한다.
• 경사로는 미끄럽지 않은 재료로 마감하여야 하며 학생의 신체크기에 맞추어 양쪽에 핸드레일을 설치하여야 한다.
• 핸드레일을 2개 평행되게 설치하면 융통성을 준다.
• 핸드레일에 헐렁한 옷이나 가방 끈 등에 걸리지 않도록 핸드레일 끝부분은 벽에 인접시켜 설치하여야 한다(그림 6-30).

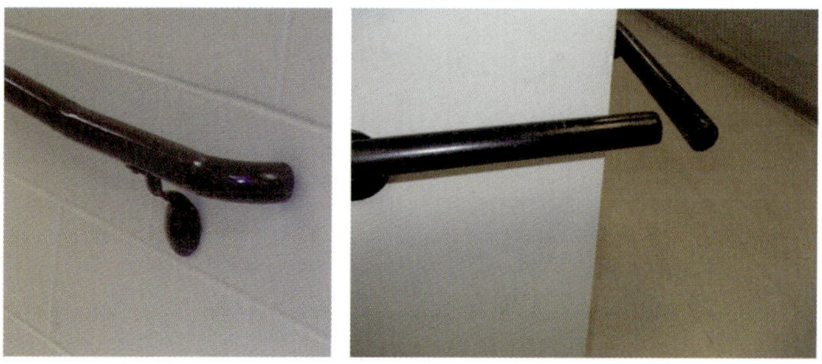

그림 6-30 핸드레일 끝부분

- 복도 벽선에서 후퇴시켜 설치한 음수대와 문은 복도에 장애물을 줄여주며 안전성을 제공해 준다(그림 6-31 왼쪽).
- 음수대의 높이를 다르게 해주어 휠체어 사용자도 접근가능하게 해준다.
- 교실문의 힌지부분에 덮개를 해주면 문은 여닫을 때 손이 끼어 다치는 사고를 방지해 준다(그림 6-31 중간).
- 레버식 손잡이는 모든 학생이 조작하기 쉽다(그림 6-31 오른쪽).

복도선에서 후퇴시켜 설치한 음수대와 문 | 힌지덮개 | 레버식 손잡이

그림 6-31 음수대와 교실문의 설치위치와 안전 및 편리성

- 부드러운 마감재를 사용하면 소음수준을 낮추어 주고 신체적인 손상도 최소화해준다.
- 복도에서 돌출 부분은 대조되는 색이나 재료를 사용하여 주목하게 한다.

4) 동선 : 길찾기

- 단순하고 일관된 평면으로 디자인하면 길찾기가 쉽다.
- 길찾기에 도움이 되도록 알코브, 쇼케이스, 창문, 그림, 재료변화 등의 랜드마크를 만들어 준다.
- 학생과 방문객이 찾기 쉽도록 명확하게 표시된 지도와 사인을 제공해 준다.
- 교실 호수는 크고 항상 보이게 한다.
- 영역별 칼라코드를 정하여 적용하면 방향찾기에 도움이 된다.
- 충분한 단서(잘된 사인과 칼라코드와 그림단서와 랜드마크 사용)가 가장 효과가 좋다.

5) 화장실

- 화장실의 모든 설비가 휠체어 사용자 등에게 접근가능하도록 설치하여야 한다.
- 세면대와 소변기 등은 설치높이를 다르게 하여 신체크기가 다른 사용자가 선택하여 사용가능하게 한다(그림 6-32 위 왼쪽 vs. 그림 6-32 위 오른쪽).
- 세면대의 형태를 휠체어 사용자 등이 접근하기 용이하게 하고 물이나 세제 등이 자동으로 나오도록 센서를 부착하여 사용하면 접근성과 위생적인 면에서 이득이 된다(그림 6-32 아래).

설치높이가 다른 세면대, 소변기

돌출된 화장지, 접근 어려운 세면대

센서 달린 세면대

그림 6-32 화장실 설비의 다양한 설치 높이와 세면대 형태

04 허먼 밀러사의 에어론 의자

에어론 의자(Aeron chair)[2]는 오피스 가구회사인 허먼밀러(Herman Miller)에서 '혁명의 진화(an evolution of a revolution)'라고 일컬어지는 의자이다. 1994년에 첫선을 보였으며 최근 디자인은 유지한 채 다시 만들었다.

처음 생산된 에어론 의자는 빌 스텀프(Bill Stumpf)와 돈 채드윅(Don Chadwick)이 2년간 연구개발한 결과물이었다. 에어론 의자는 초기부터 대, 중, 소의 3가지 크기로 생산되고 있다. 앉는 좌면의 높이와 탄력정도, 팔걸이의 높이와 각도, 척추받침대의 위치, 등받이의 각도 등 모든 요소들의 위치를 조절 가능하도록 디자인되었다. 따라서 모든 사람들이 자신의 신체적 특성과 상황에 따라 맞게 조정하여 사용할 수 있다. 유니버설 디자인 의자인 것이다(그림 6-33).

빌 스텀프와 돈 채드윅이 인간중심 디자인(human-centered design)에 대한 깊은 지식을 종합하여 인간공학적, 기능적, 인체측정학적, 환경적인 측면을 배려하여 최근에 다시 만들었다.

그림 6-33 Herman Miller사의 Aeron Chair (www.hermanmiller.com)

2) www.hermanmiller.com

에어론 의자의 새 버전은 더 강하고 스마트한 재료, 더 나은 조절성, 새로운 마감 옵션, 더 건강하고, 더 편안한 의자이다. 새 버전에서 추구한 것은 포용성, 환경, 건강이다.

- 포용성
  - 에어론 의자는 포용적 디자인(inclusive design)의 대표적인 사례이다. 의자의 경우 'one size does not fit all'은 아니라고 보고 가능한 광범위한 인체유형의 요구를 충족시키도록, 즉 배제시키기보다는 포용하도록 대, 중, 소의 3가지 크기로 만들었다.

표 2 에어론 의자의 크기와 무게

	A형: 소	B형: 중	C형: 대
높이	10.414cm - 14.986cm	13.208cm - 16.764cm	13.462cm - 16.764cm
무게	40.82 to 68.04kg	58.97 to 147.42kg	81.65 to 158.76kg

- 환경
  - 에어론 의자의 색, 재료, 마감재는 현대 환경을 개선하는 것을 고려하여 만들었다. 색, 재료, 마감재를 통해 편안함과 업무달성도를 개선하고 아름답고 조화롭게 보이고 느껴지도록 하고자 하였다. 의자의 재료는 미네랄(가볍고 신선하고 천상의), 카본(균형잡힌, 우아한, 유니버설), 그래파이트(깊고, 위엄있고, 원형적)의 3가지로 다양화하였다(그림 6-34). 재료를 외관에만 작용하는 것이 아니라 디자인 자체로 보고 접근하였다. 또한 91%는 재활용가능한 재료를 사용하였으며 새 버전의 의자는 구 버전보다 의자 무게가 3파운드 가벼워졌다고 한다.

그림 6-34 3가지 재료의 에어론 의자
(www.hermanmiller.com)

- **건강**

  - 에어론 의자는 사람이 일하면서 취하는, 강한 긴장과 휴식자세에 이르는 다양한 활동과 자세를 수용하는 의자이다.

그림 6-35 에어론 의자의 조절가능한 부분들 (www.hermanmiller.com)

좌면과 등받이 부분에는 장력 전달이 다른 8가지의 (위도대) 영역이 있어 편안함과 인간공학적인 지원을 크게 해준다. 8Z Pellicle(얇은 막)은 평형되고 편안한 피부온도를 유지하게 도와주도록 공기, 신체 열, 수분증기가 좌면과 팔걸이를 통과하도록 허용해 준다(그림 6-35). 또한 조절가능한 각 패드들이 엉치뼈를 안전하게 지탱해 주고 등뼈의 요추 부분을 지지해 주어 건강한 기립자세를 취하게 해준다. 덕분에 업무공간에서 다양하게 활용되고 있다(그림 6-36).

그림 6-36 에어론 의자의 사용 사례들 (www.hermanmiller.com)

05 옥소 인터내셔널사의 주방용품

옥소 인터내셔널(OXO International)[3]은 미국의 대표적인 주방용품 제조업체이다(그림 6-37).옥소의 성공비결은"불편함을 찾아내라. 그 속에 돈이 있다."에 있다고 한다. "옥소는 '해결사(solution company)'다. 일상에서 사용하는 어떤 물건에서든, 어떤 불편함이든 찾아내고 해결하는 회사다. 6세짜리 아이, 관절염 앓는 노인도 애먹지 않고 편하게 사용할 수 있는 물건을 만든다. 가능한 많은 사람들이 사용할 수 있도록 하는 것이다." 즉 옥소의 디자인철학은 유니버설 디자인이다.

그림 6-37 옥소에서 개발한 다양한 주방용품들 (www.oxo.com)

- 옥소의 창업이야기
  - 옥소 인터내셔널은 1990년 미국인 Sam Farber가 창업하여 1995년 알렉스 리에게 넘기기까지 사장을 하였다. 주방용품 제조업체를 운영하다 1988년에 은퇴한 샘은 부인과 함께 요리를 취미삼아 노년을 보내고 있었다. 그러던 중 샘은 손에 관절염이 있는 부인이 감자 깎는 칼을 제대로 사용하지 못하는 것을 보고 '누구든지 편리하게 사용할 수 있는 주방용품은 왜 없을까?' 부인을 위해 자기가 만들어 보겠다고 생각한다. 그리고 2년 동안 준비하여 '굿 그립(Good Grip)'을 만들어 낸다. 관절염이 있는 사람도 편안하게 잡을 수 있는 고무재질의 손잡이를 붙인 감자 깎는 칼이 대표적이다. 그런 다음 샘은 노인이나 관절염 환자에 국한하지 않고 젊은 사람이나 나이 든 사람, 남자나 여자, 왼손잡이나 오른손잡이, 등 누구든지 편리하게 사용할 수 있는 많은 주방용품을 개발하여 성공을 하게 된다.

---

3) www.oxo.com

옥소의 기본 철학은 모든 사용자들이 쉽고 편리하게 사용할 수 있는 제품을 만드는 것이다(그림 6-38). 옥소는 미국 조리기구 시장 점유율이 50% 이상이 된다. 이는 다양한 사용자에 대한 연구를 기반으로 제품을 만들기 때문이다. 또한 해마다 신제품 100종류를 세계 50개 국가에 내놓는다. 많은 제품이 2년 이상의 개발 시간이 소요된다고 한다.

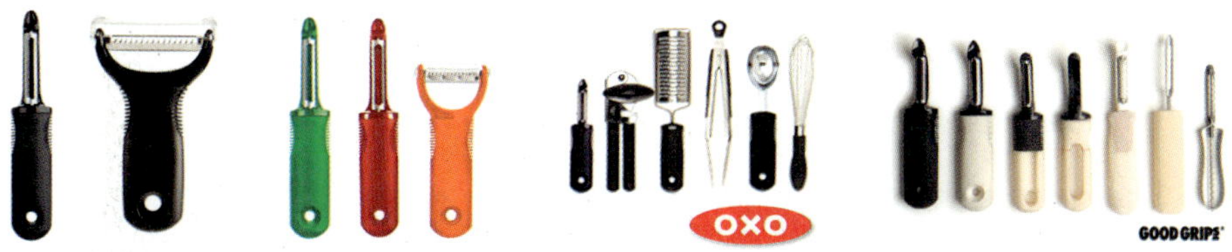

그림 6-38 옥소 제품들 (www.oxo.com)

옥소의 경쟁력은 디자인에 있지만 자체에 디자인 부서나 디자이너는 없다. 자체 공장이나 판매조직도 없다. 외부의 디자인 회사 9곳과 일한다. 그럼에도 옥소는 180개가 넘는 디자인상을 받았다. 다양한 사용자에 대한 철저한 연구를 토대로 한 결과물이 가져온 결과이다.

옥소는 버려진 물건도 수집하여 사용상의 문제점을 파악한다. 즉 어느 부분이 어떻게 사용되었는지를 역으로 추정함으로써 보다 사용성이 좋은 물건을 만들어낸다.

06 기타 미국의 유니버설 디자인 적용 사례

1) 계단과 경사로의 혼용사례

경사진 곳에 계단과 경사로를 통합하여 설치한 사례이다. 계단 이용자와 경사로 이용자가 격리가 아닌 함께 이동할 수 있어 동등한 사용을 가능하게 한 사례이다(그림 6-39).

그림 6-39 계단과 경사로를 혼용한 건물 출입구

2) 통로의 유효폭 확보

통로의 유효폭을 일정하게 확보하기 위하여 음수대를 설치할 벽을 셋백하여 처리한 사례이다. 특히 사람들이 많이 다니는 통행로에서는 이렇게 처리하지 않을 경우 통행로 폭이 좁아지게 되어 특히 휠체어 사용자의 통행에 방해가 될 수 있다. 또한 음수대의 설치높이를 다르게 하여 사용자의 신체크기에 따라 선택하여 사용할 수 있게 하였다(그림 6-40).

그림 6-40 복도 폭 확보를 위해 셋백시켜 설치한 음수대

3) 유니버설 디자인 부엌

미국의 로드아일랜드 디자인학교(The Rhode Island School of Design)에서 5년에 걸쳐 개발한 유니버설 디자인 부엌(그림 6-41)이다. 휠체어 사용자 등 다양한 사람들이 편리하게 사용가능한 유니버설 디자인 부엌을 개발하기 위하여 많은 실험과 관찰 등을 거쳐 개발하였다. 부엌 작업대의 수납장 등을 컴팩트하게 하여 배치시킴으로써 접근성을 높임으로써 사용자가 한 자리에서 음식 만들기 전 과정을 할 수 있게 하였다.

그림 6-41 유니버설 디자인 부엌 (RISD 개발)

4) 욕실설비

미국의 한 회사에서 개발한 유니버설 디자인 욕실설비이다. 사용자의 키에 따라 높이를 조절할 수 있는 샤워기 지지대, 직선형이 아닌 둥근 모양의 핸드레일, 접이식 샤워의자, 서서 들어가기 어려운 사람이 앉아서 들어갈 수 있도록 앉을 수 있는 공간이 있게 디자인한 욕조이다(그림 6-42).

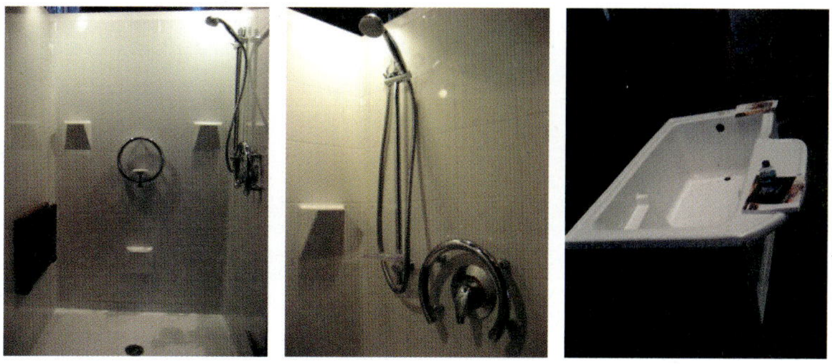

그림 6-42 유니버설 디자인 욕실 설비

5) 캐나다 공원사례

캐나다에 있는 다양한 식물과 특히 꽃들을 중심으로 감상하게 조성한 공원이다. 다양한 관람자를 배려하여 관람을 위한 통로를 휠체어나 유모차 등도 이동가능하도록 평편하게 조성하였다(그림 6-43).

그림 6-43 다양한 사용자의 접근성을 고려한 캐나다 공원

6) 브라질의 생태학교

브라질 꾸리찌바 지역의 생태학교 : 폐전봇대와 지역생산 재료를 사용하여 지은 친환경 건물로 이 건물까지의 진입로는 단차없이 평편하게 되어 있으며 건물입구까지는 지그재그형태로 된 경사로로 접근하고 건물 바깥쪽을 따라 원형으로 배치된 경사로를 따라 건물내부로 들어가게 되어 있다. 휠체어 사용자 등 모든 사람들의 접근성을 위한 것이다(그림 6-44).

그림 6-44 경사로로 접근가능하게 한 생태학교

7) 브라질 꾸리찌바 지역의 버스정류장

꾸리찌바 지역의 버스정류장은 유리로 된 긴 원형모양이며 버스와 동일한 높이로 설치되어 있다. 위치에 따라 한 개만 설치되어 있는 곳도 있고 여러 개를 연결하여 설치한 곳도 있다. 버스와 동일한 높이이므로 버스가 정차하면 정류장에 부착되어 있는 기존의 연결판 위로 또 하나의 연결판이 버스에서 나와 놓이게 되어 정류장과 버스를 연결시켜 준다. 따라서 휠체어 사용자와 같이 바퀴달린 물건 사용자와 노약자 등이 불편함 없이 타고 내릴 수 있다. 다양한 사용자를 위한 접근성을 제공하여 줌으로써 동등한 기회를 부여해 주므로 유니버설 디자인 사례가 된다(그림 6-45).

그림 6-45 브라질 꾸리찌바의 버스 정류장 시스템

제7장 일본의 유니버설 디자인

01 시즈오카현의 유니버설 디자인

일본의 시즈오카현은 1999년 일본에서 처음으로 유니버설 디자인을 현의 주요 정책으로 결정하여 실행하기 시작하였으며 2009년 10주년을 맞이하여 이제까지 실천해 온 유니버설 디자인의 주요 시책과 실천사례 등의 내용을 담은 기념지 「시즈오카 유니버설 디자인 10년의 기록」(1999. 4 - 2009. 3)을 발행하고 2010년에는 시즈오카현의 하마마츠시에서 국제 유니버설 디자인 컨퍼런스와 전시회 등을 개최하였다. 본 장에서는 발행된 기념지와 현장 방문결과를 토대로 시즈오카현에서 10년간 어떻게 유니버설 디자인을 진행해 왔는지에 대하여 살펴본다.

시즈오카현은 연령, 성별, 능력, 언어 등 개개인의 특성과 차이를 이해하고 서로 존중하며 모든 사람이 자유롭고 활발하게 생활할 수 있는 매력적인 시즈오카를 실현하기 위하여 1999년, 일본에서 처음으로 유니버설 디자인을 시즈오카현의 기본 정책으로 자리매김하고 현 전체가 총력을 기울여 추진하고 있다.

1) 시즈오카 유니버설 디자인이란?

"시즈오카 유니버설 디자인"은 '연령, 성별, 신체능력, 언어 등 사람에 따라 다른 특성과 차이점을 초월해 처음부터 가능한 한 모든 사람이 이용하기 쉽도록 배려한 환경, 건물, 시설, 제품, 서비스, 제도, 교육 등을 정비해 제공하는 개념'이라고 정의내렸다. 즉 유니버설 디자인은 물리적 환경에 대한 것뿐 아니라 정신적인 것도 포함되어야 한다고 보았다. 물리적인 측면의 개선을 통하여 모두를 충족시킬 수 없으므로 다양한 사람이나 상황 등에 대한 배려 등 정신적인 측면도 포함되어야 한다고 보았다. 따라서 아래와 같은 자료를 만들어 배포하여 어려운 상황에 있는 사람들을 돕거나 그러한 상황에 처하지 않도록 배려하여야 한다고 일종의 계몽을 하고 있다.

시즈오카현에서는 '유니버설 디자인의 필요성,' '유니버설 디자인의 대상,' '유니버설 디자인과 무장애디자인의 비교' 등에 관하여 현민들이 이해하기 쉽도록 삽화와 사진 등을 넣어 설명하고 있다(그림 7-1).

그림 7-1 시즈오카의 UD

먼저 유니버설 디자인의 필요성(그림 7-2)에서 설명하는 내용을 보면, 우리 주변에는 다양한 사람과 상황들이 있으며 이는 유니버설 디자인의 개념을 적용한 제품과 환경 및 태도의 개선을 통해 해결가능하며 따라서 유니버설 디자인이 필요하다는 것이다.

그림 7-2 유니버설 디자인의 필요성

그림 7-2 :

- 은퇴 고령자: 자신의 경험을 살릴 수 있는 일은 없는지, 나는 아이들을 돌보는 일을 하고 싶은데…
- 외국인: 역까지 가는 길을 모르는데 모두 바쁜 것 같고…
- 강의 수강자: 가끔 잘못 알아들을 때가 있는데…
- 유모차 끄는 엄마: 아기 유모차로 외출하고 싶은데 계단이 있으면 걱정이 돼요…
- 키 작은 어린이: 책장 높은 곳에 있는 책을 꺼낼 수가 없어요…
- 버스 이용자: 깜빡 우산을 잊고 왔어요. 버스 타기 전에 젖어 버렸어요…
- 삼대 가족: 할머니와 아이들 가족이 다 함께 갈 수 있는 여행은 없을까…
- 왼손잡이: 샤워기는 오른쪽에 있어서 왼손잡이인 나에게는 사용하기 불편해요…

유니버설 디자인의 대상(그림 7-3)에서는 유니버설 디자인이 특히 도움이 되는 상황에 있는 사람들을 보여주고 있다.

- 유모차 끄는 사람 앞에 있는 계단
- 휠체어 사용자가 가는 도로에 있는 턱
- 목발을 짚고 가는 사람
- 시각 장애인
- 자동판매기에서 음료 선택버튼이 높이 있어 누르지 못하는 키 작은 사람
- 뒤에서 자동차가 소리를 내도 못 듣고 걸어가는 청각장애인
- 일본어를 하지 못하는 외국인 여행객
- 도로 중간에 파인 곳이 있어 불편함을 겪는 자전거 타는 사람

그림 7-3 유니버설 디자인의 필요 상황

유니버설 디자인과 무장애 디자인을 혼동하는 사람이 많음을 감안하여 이를 사례를 보여주며 비교 설명하는 내용(그림 7-4)도 있다.

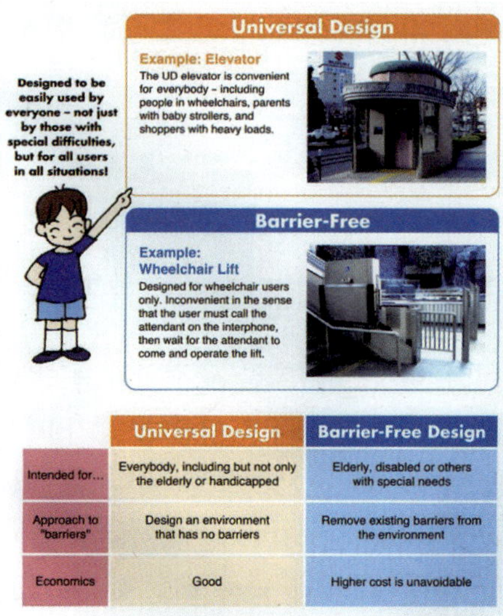

그림 7-4 유니버설 디자인과 무장애 디자인

그림 7-4 :

- 유니버설 디자인은 특수한 어려움이 있는 사람들만을 위한 것이 아니라 모든 상황에 있는 모든 사용자들을 위한 것으로 모든 사람이 쉽게 사용할 수 있도록 디자인하는 것이다. 엘리베이터를 예로 들 수 있는데 유니버설 디자인 엘리베이터는 휠체어 사용자, 유모차에 아이를 태운 부모, 무거운 짐을 든 쇼핑객을 포함하는, 모든 사람들에게 편리하다.
- 무장애 디자인은 휠체어 리프트를 예로 들 수 있는데 이는 단지 휠체어 사용자만을 위한 디자인이다. 사용자가 인터폰으로 안내원을 불러야만하고 안내원이 와서 리프트를 작동할 때까지 기다려야 하는 면에서 불편하다.

유니버설 디자인과 무장애 디자인 비교

- 대상 - 유니버설 디자인은 노인이나 장애인만이 아니라 모두를 위한 것인 반면, 무장애 디자인은 노인이나 장애인 또는 특별한 요구가 있는 사람을 위한 것이다.
- '장애물'에 대한 접근방식 - 유니버설 디자인은 장애물이 없는 환경을 디자인하는 것이지만, 무장애 디자인은 기존에 있는 장애물을 환경에서 제거하는 것이다.
- 경제성 - 유니버설 디자인은 경제성이 있지만 무장애 디자인은 고비용을 피할 수 없다.

이러한 홍보 결과 현민의 유니버설 디자인에 대한 인식도는 1999년 31.1%에서 2008년 70.2%로 상승하였으며 사업체에서의 도입도 2000년 25%에서 2006년 37.5%로 상승하였다.

2) 시즈오카현 유니버설 디자인의 추진배경

시즈오카현에서 유니버설 디자인 정책을 추진하게 된 배경은 유니버설 디자인 개념이 다음 과제를 해결하는데 아주 유용하다고 보았기 때문이다.

- 인권 존중: 1997년 시즈오카현에 인권계몽센터를 설치하여 장애인의 사회참여와 외국인과의 공생, 아동학대, 가정 내 폭력 등을 자신과는 관계가 없는 일이라고 생각하는 사람이 많이 있다. 유니버설 디자인 개념이 이에 도움이 되리라 보았다.

- **시즈오카현 복지도시건설 조례의 확대**: 1996년 '복지도시건설조례'를 시행하였으나 복지라는 용어가 주는 어감 등의 이유로 일부 행정분야에서만 관심을 두었고 다른 분야로까지 확대하지 못하였다.

- **장애인의 자립**: 장애인이 자립할 수 있는 환경조성이 필요하고 이는 행정적 지원을 통하여 가능하다. 특히 일부 장애인들은 장애인을 위해 무장애 등 특별한 시설을 정비하고 배려하고 있는데 이는 장애인들에게 부담이 되며 정상인과의 사이에서 심리적 갈등을 초래하고 있다고 하여 모든 사람이 이용할 수 있는 사회기반 정비가 필요하였다.

- **남녀노소 공동 참여사회 실현**: 저출산 고령화 사회, 상호교류시대를 맞이하여 남녀노소 모두가 사회에 참여하는 남녀노소 공동 참여사회 구축이 요구되고 있었다. 즉 유니버설 디자인의 개념을 토대로 한 사회구축이 요구되고 있었다.

- **21세기를 개척해 가는 산업영역에 대한 대처**: 경제의 세계화와 고령화 사회 등이 진행되고 있는데 20세기형 대량생산, 대량소비, 대량 폐기의 환경부하형 경제활동에서 소비자의 다양한 요구에 부응할 수 있는 제품을 만들고 서비스를 제공하는 지속가능한 경제활동으로의 전환이 요구되고 있다.

상업시설과 여관 및 호텔의 시설정비와 서비스, 가전제품 등의 시장에서 고령자, 장애인, 외국인에 대한 세심한 배려가 요구되고 있다. 따라서 이러한 다양한 요구와 신체적 특성 등을 파악해 이를 제품개발, 점포정비, 고객서비스 등에 활용하는데 유니버설 디자인의 개념이 경영전략상 중요한 요소가 되며 사업발전에 중요한 요소가 될 수 있다고 보았다.

3) 시즈오카 유니버설 디자인의 추진체제

시즈오카현은 어떤 한 부서만이 아닌 모든 행정부서에서 참여하여 유니버설 디자인을 추진하기 위하여 기획부에 유니버설 디자인실을 설치하고 현청이 직접 전체적인 진척상황을 관리하고 개념보급과 계몽활동을 추진하였다. 그러다 2004년에는 생활문화부, 2007년에는 현민부 소속으로 변경되었다.

• 유니버설 디자인 추진본부 설립

- 현청에서 총체적으로 참여하기 위한 체제를 구성하기 위하여 현 지사가 본부장, 교육장과 현 경찰본부장 및 각 부의 부장이 구성원이 되는 유니버설 디자인 추진본부를 설치하였다(그림 7-5).

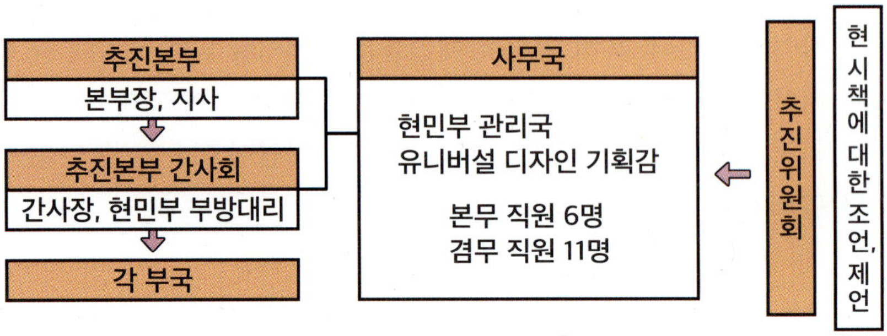

그림 7-5 시즈오카 유니버설 디자인의 추진체제(2008년)

• 시즈오카 유니버설 디자인 전문위원회

- 1999년에는 학자와 전문가들로 구성된 '시즈오카 유니버설 디자인 간담회'를 진행하여 지향하는 사회상과 구체적인 추진방안, 착실한 실행을 위한 행정, 현민, 사업가의 역할 등에 대해 논의 및 제언을 하였다. 2000년에는 이 간담회를 계승하는 형태로 '시즈오카 유니버설 디자인 전문위원회'를 설치하였다. 이 위원회에서는 전문위원들에게 시책에 대하여 행동계획에 입각한 조언과 제언, 현민과 사업가를 위한 강연회 강사, 아이디어 콩쿠르 심사, 위탁연구 평가, 등을 하도록 하였으며 그 결과 유니버설 디자인 시책의 방향설정과 보급추진활동에 큰 역할을 하였다. 2003년에는 유니버설 디자인에 대한 현민의 인식도가 60%를 넘게 되었으며 전문위원회를 '시즈오카 유니버설 디자인 추진위원회'로 변경하고 새로운 행동계획을 토대로 한 시책과 사업의 실시상황을 전문적으로 검증, 평가하는 외부조직으로 활동하고 있다.

4) 시즈오카 유니버설 디자인 행동계획

유니버설 디자인 시책을 추진하기 위하여 2000년도부터 주요 시책을 체계적으로 종합한'시즈오카 유니버설 디자인 행동계획'을 수립하고 이에 따라 추진하고 있다.

(1) 2000년 - 2004년의 행동계획

- 주요 시책 체계
  - UD 개념 보급
  - 모든 사람이 살기 좋은 도시 조성
  - 모든 사람이 사용하기 쉬운 제품 만들기
  - 모든 사람들을 배려한 서비스·정보 제공
  - 자립과 공생의 사회건설

(2) 2005년 - 2010년의 계획

- 주요 시책 체계는 전 단계와 동일
- 중점 추진사항
  - 사업자의 추진 촉진
  - 어린이에 대한 보급
  - 고령사회에 대한 대응
- 진행관리
  - 목표수치(102항목)를 설정하고,
  - 내부평가(UD추진본부)와 외부평가(UD추진위원회)를 토대로 진행관리

5) 유니버설 디자인의 보급 활동

(1) 유니버설 디자인 직원연수 실시

관리직, 직원(계층별), 신규채용직원을 대상으로 유니버설 디자인의 개념을 구체적인 사례를 들어 소개하는 연수를 매년 실시하였다. 또한 직원 스스로가 불편한 점을 느끼고 개선해 나갈 수 있도록 장애인, 고령자, 임산부 등의 모의체험을 통해 현청 청사를 점검하는 체험연수를 실시하였다.

(2) 유니버설 디자인 보급활동

유니버설 디자인을 널리 보급하기 위해서는 현민과 사업가 등이 유니버설 디자인의 개념을 제대로 이해하는 것이 중요하다고 보았다. 따라서 홍보지와 팸플렛, 홈페이지, 심포지엄, TV프로그램, 언론 등을 통한 보급활동과 초중학교와 시민단체, 사업자 등의 요청에 따른 강좌나 체험교실 등을 실시하였다.

① 현민 대상

- 유니버설 디자인 아이디어 콩쿠르 실시(그림 7-6)
  - » 초, 중학교부 - 유니버설 디자인에 관한 꿈이 있는 아이디어
  - » 일반부 - 실현성 높은 미발표 아이디어
  - » 기업과 단체 - 유니버설 디자인 활동부문

- 홈페이지와 메일 매거진으로 정보 발신
  - » 홈페이지
    - 유니버설 디자인의 개념, 공공시설 및 사업자의 선진적 추진 사례, 지침과 매뉴얼, 강좌개최 정보 등
  - » 퀴즈에 답하며 유니버설 디자인 공부가능한 어린이용 홈페이지
  - » 해외에서의 접속 대응한 영어 홈페이지, 한국어 홈페이지
  - » 메일 매거진
    - 시즈오카 유니버설 디자인 네트워크 운영. 현이 사무국, 400명 회원, 유니버설 디자인에 관한 최신 정보와 심포지엄, 강연회 정보 등 정기적으로 제공(그림 7-7)

그림 7-6 초등학생용 홍보팜플렛

Change! Hamamatsu Vol.08 July 2010

"The True Age of Localism" The Municipality's Leading Information Bulletin

Special Feature: Imagine

Let' s imagine, a world of true universal design…

When you look around the city, or at public facilities, recently, have you noticed anything in particular? That's right; it's the integration of *Universal Design* "UD" in all sorts of locations. UD makes everybody's life easier regardless of age, gender, abilities, nationality and the like. Moving towards the ideal of a *Universal Design Society*, what can we do to make it happen? For this issue's special feature, we have tried to think of how we can make this happen.

The adoption of UD in Hamamatsu up until now

Intended not just for particular groups of people, but for everybody.

First of all, look at the photo to the left. A mother and child are seen reading peacefully in the reading corner of the library, but do you notice anything? If you look closely you can see that the table they are sitting at, and the table behind them, are of differing heights. The table in front of them has been built low enough so that you can read with a child. This is a production of Universal Design that allows for children and adults to share the same space.

그림 7-7 발행 매거진

② 행정, 사업자, 현민을 위한 도입지원

• 각종 매뉴얼과 지침 작성 - 행정 및 사업용

» 행정사업에 대한 도입방안 제시(그림 7-8)

- 공공건축물 도입 매뉴얼, 고령자와 색각 장애인용 인쇄물 작성지침, 이벤트 개최 시 배려사항 등 책자를 제작하여 행정적인 뒷받침을 하였다.

» 업종별 사업활동에 대한 도입매뉴얼 작성(그림 7-9 ~ 그림 7-14)

- 소매업, 숙박업, 제조업, 건축업 등 산업분야별 구체적이고 실천적인 아이디어와 힌트 소개 책자 제작 배포하여 사업자의 도입을 촉진하고 있다.

» 소중한 '마음의 UD' 촉구하는 팸플릿 작성(그림 7-15, 그림 7-16)

- 모든 사람이 살기 좋은 사회를 이룩하기 위해서는 어려운 처지에 있는 사람이나 고령자, 임산부 등을 우선시하는 배려하는 마음으로 행동하는 '마음의 유니버설 디자인' 실천이 중요하다. 따라서 개개인이 일상생활 속에서의 실천을 위한 '매너향상캠페인'을 실시하고 있다.

그림 7-8 색의 유니버설 디자인 이해를 위한 경험기반 도구

그림 7-9 주택건설업체 발행 유니버설 디자인 관련 홍보물

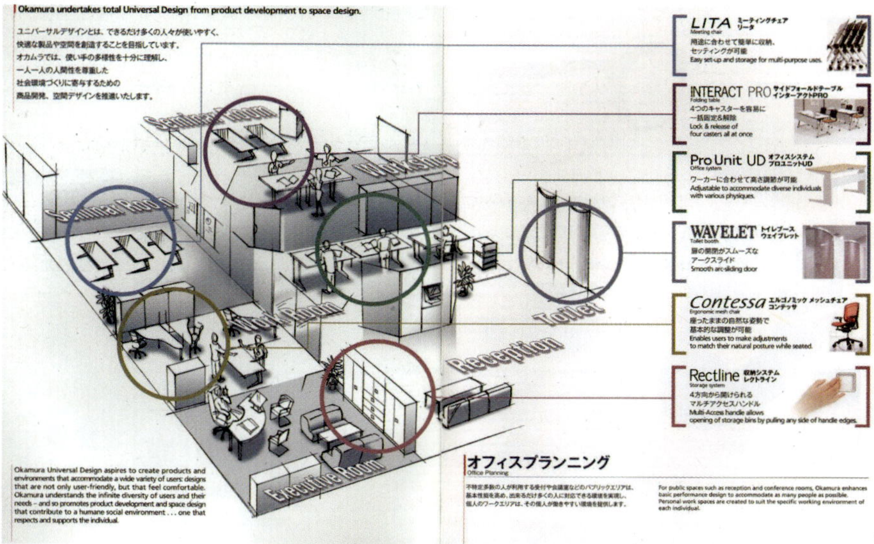

그림 7-10 오피스 공간에 적용되는 유니버설 디자인 안내물

그림 7-11 주택에 유니버설 디자인의 적용방법을 보여주는 안내물

그림 7-12 숙박업용 매뉴얼

그림 7-13 주택건설업용 매뉴얼

그림 7-14 각 분야에서의 유니버설 디자인 안내 유인물

그림 7-15 마음의 유니버설 디자인

그림 7-16 마음의 유니버설 디자인

③ 사회기반에 대한 도입

도로와 공공건축물 등에 유니버설 디자인을 적극적으로 도입하여 모든 사람이 안심하고 안전하게 활동하고 사회에 참여할 수 있는 생활공간을 형성하려 노력하고 있다.

- 도로와 보도 정비
  - '시즈오카현 도시조성 조례'를 준수하도록 보도 폭 넓히기, 단차와 경사진 비탈길 개선, 엘리베이터 설치, 알기 쉬운 안내간판 등 설치를 하여 이동하기 쉬운 동선을 확보하도록 노력하고 있다.

- 공공건축 정비
  - '사용자의 시선에서'를 기본 이념으로 하여 시설 서비스의 특성과 이용 대상자를 파악하여 분석하고 이들 대상자의 움직임, 필요한 설비 등을 배려한 기본계획을 검토하고 이를 상세하게 설계에 반영하는 단계를 중요하게 여기고 있다.

④ 현 소유시설에 솔선 도입(그림 7-17)

현민이 유니버설 디자인을 이해하고 실감할 수 있도록 새로운 현 소유시설과 기존시설을 정비,보소할 때 유니버설 디자인을 도입하고 있다. 또한 안내사인설치와 직원의 적절한 대응 등의 시설운영과 윤지관리도 중요시하고 있다.

- 후지산 코도모노쿠니(어린이 나라, 1999년 개원)
  - 공원 보도의 경사를 5% 이하로 하고 음성유도안내, 촉지도, 휠체어 대여 등 시설전반에 유니버설 디자인을 도입하였다.

- 오가사야마 종합운동공원(2001년 사용시작)
  - 스타디움과 아레나는 물론 JR아이노역에서 공원까지의 연락통로 등에 유니버설 디자인을 도입하였다. 공원 입구에는 계단 2곳, 움직이는 보도, 모노레일카를 설치하였으며 스타디움 2층 최전열에 296석의 휠체어 사용자용 관중석을 설치하였다.

- 현영주택
  - 단차를 해소하고 엘리베이터를 설치하였으며 1층에는 고령자와 장애인을 위한 주택을 배치하였다. 단지 내에는 벤치를 다수 배치하여 교류장소가 될 수 있도록 배려하는 등 모든 입주자가 쾌적하게 생활할 수 있는 환경조성을 추진하고 있다.

- 현립 종합병원(2002년 실시)
  - 외래부문은 증축 등으로 인하여 복잡해진 안내표지를 유니버설 디자인의 시점에서 개수 정비하였다. 외국인도 알기 쉽도록 진료과와 검사부문 등에 번호 표지를 부착하였다. 시각장애인이 발바닥 촉감으로 위치를 알 수 있도록 교차지점의 바닥재를 교체하는 등 오감을 통해 알 수 있는 표지로 정비하였다.

이외에 현립 시즈오카 암센터, 현 후지수영장, 현 부도칸, 현립 오히라다이고등학교 등의 정비에도 유니버설 디자인이 도입되었다.

후지산 코도모노쿠니 : 휠체어 접근 가능한 공원

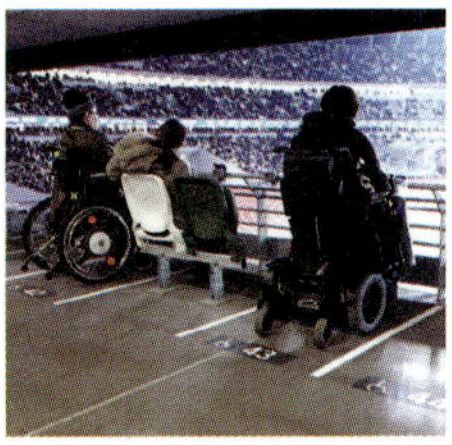

오가사야마 종합 운동공원 : 296석의 휠체어 관중석 설치

현영주택 : 욕실 입구의 단차해소

시즈오카현립 종합병원 : 오감으로 할 수 있는 표지

그림 7-17 유니버설 디자인이 도입된 현 시설들

02 하마마츠시의 유니버설 디자인

1) 하마마츠시의 유니버설 디자인 적용을 위한 노력

하마마츠시의 경우도 현의 기본 체제를 유지하며 유니버설 디자인 시를 조성하려 노력하고 있다.

- 하마마츠시에서는 '사람의, 사람에 의한, 사람을 위한 유니버설 디자인'이 되어야 한다고 보고 있다(그림 7-18).
- 또한 유니버설 디자인을 적용한 장소 및 요소를 지도에 표시하여 홍보 및 관심있는 사람들이 확인해 볼 수 있도록 하고 있다(그림 7-19).

그림 7-18 하마마츠시의 UD

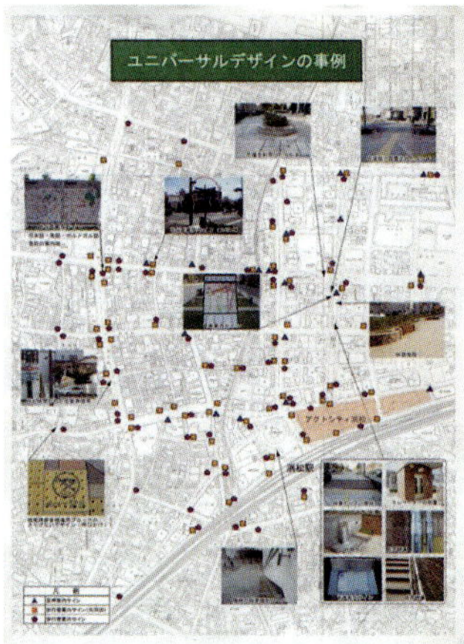

그림 7-19 UD적용요소를 표시한 하마마츠시 지도

2) 하마마츠시의 유니버설 디자인 실천 및 광고전략

(1) 실천전략

하마마츠시의 유니버설 디자인 실천전략은 시민과 기업체 및 행정부가 협동하는 체제이다(그림 7-20). 즉 사용자와 계획가, 실행자간에 상호협력하며 의사결정과 검토를 하며 필요시 담당자와 전문가의 도움을 받는 체제로 실천하고 있다. 여기서 사용자는 시민과 비영리단체를 말하고, 계획가는 행정가와 기업체 등이며, 실행자는 행정부와 기업체 등을 말한다.

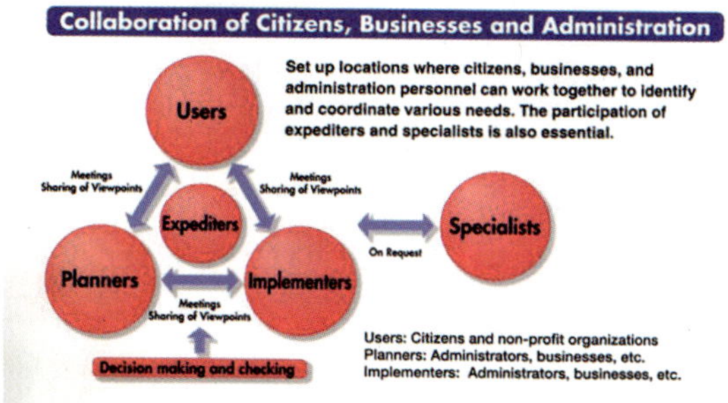

그림 7-20 하마마츠시의 유니버설 디자인 실천전략

(2) 광고전략

하마마츠시의 광고전략은 그림 7-21과 같다. 유니버설 디자인부와 하마마츠시의 UD 광고직원, UD광고관리그룹, 광고본부가 하나의 팀이 되어서 지역 거주자와 기업체, 하마마츠시의 UD위원회, 학술기관, 연방정부 및 지방행정구역과 상호 작용하며 유니버설 디자인을 홍보하고 있다.

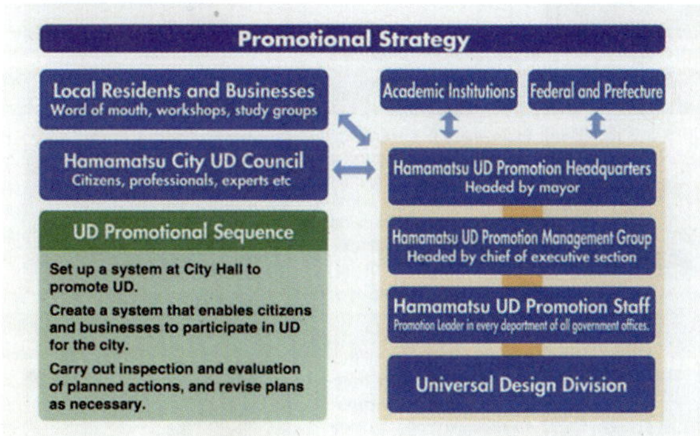

그림 7-21 하마마츠시의 유니버설 디자인 광고전략

- 지역 거주자와 기업체 - 구전, 워크샵, 연구그룹
- 하마마츠시의 UD위원회 - 시민, 전문가, 담당자 등
- UD홍보 - UD를 촉진하기 위해 시청에 시스템 설정
  시민과 기업체가 시를 위한 UD에 참여할 수 있도록 시스템 구축
  계획된 행동에 대한 검사와 평가실행 및 필요시 계획수정

3) 하마마츠시의 분야별 유니버설 디자인 적용사례

하마마츠시에 그동안 수행해온 유니버설 디자인 적용사례를 마을(그림 7-22), 건물 및 시설(그림 7-23), 커뮤니케이션(그림 7-24), 제품(그림 7-25) 분야별로 보면 다음과 같다.

(1) 타운에 적용된 유니버설 디자인

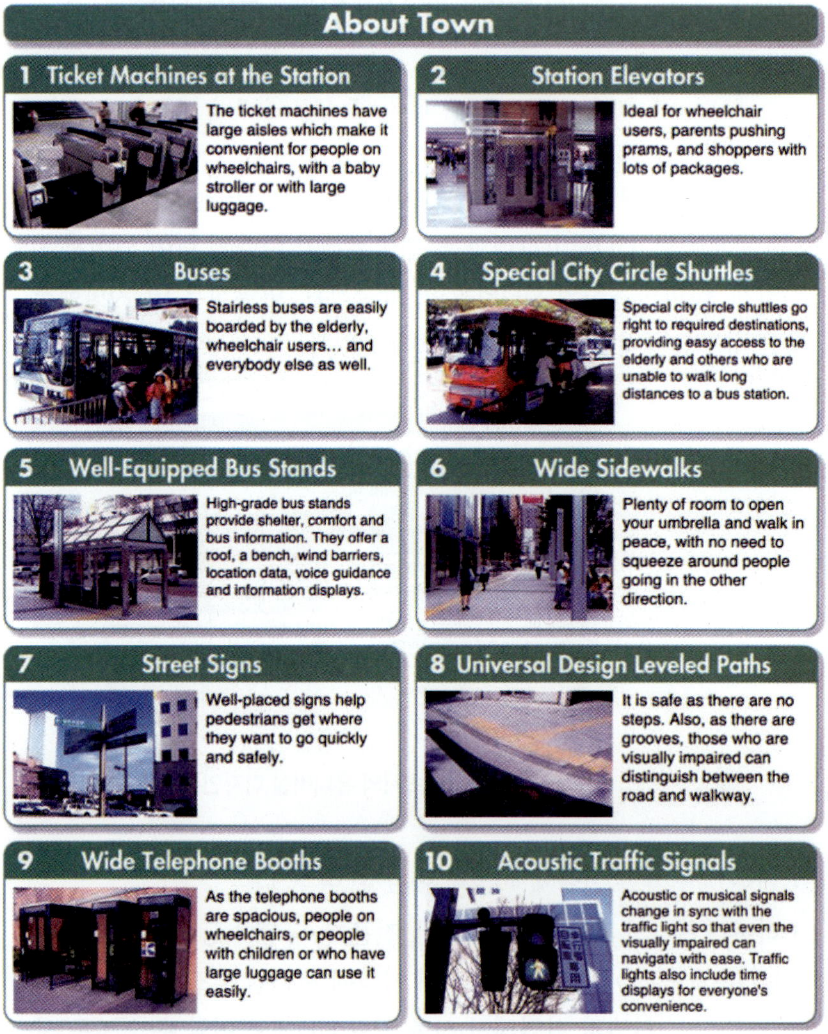

그림 7-22 타운에 적용된 유니버설 디자인 사례

(2) 건물과 시설에 적용된 유니버설 디자인

그림 7-23 건물과 시설에 적용된 유니버설 디자인 사례

(3) 정보 커뮤니케이션에 적용된 유니버설 디자인

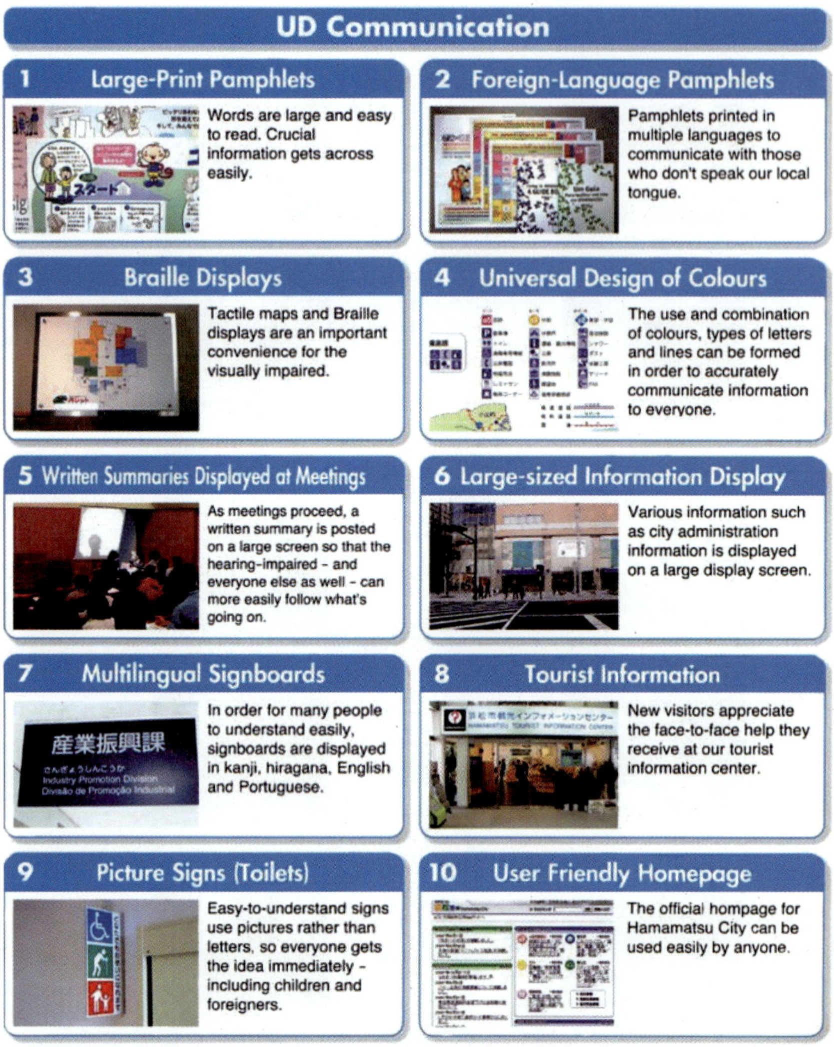

그림 7-24 커뮤니케이션에 적용된 유니버설 디자인 사례

(4) 상품에 적용된 유니버설 디자인

그림 7-25 상품에 적용된 유니버설 디자인 사례

이외에 의, 식, 주공간 분야, 이동공간, 홍보영상제작, 노동환경, 표준화 연구분야, 여가, 배색, 정보표시분야 등 다양한 분야에서 유니버설 디자인의 개념 적용을 위한 연구모임을 운영하고 있다(그림 7-26). 유니버설 디자인의 적용범위가 아주 다양하며 이를 지속적으로 찾아내고 개발하기 위하여 지속적인 연구를 하고 있다는 것을 보여준다.

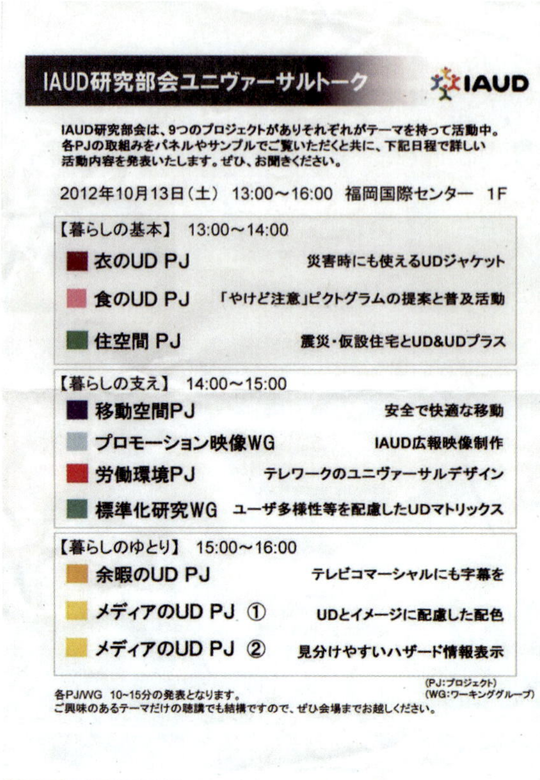

IAUD研究部会ユニヴァーサルトーク IAUD

IAUD研究部会は、9つのプロジェクトがありそれぞれがテーマを持って活動中。
各PJの取組みをパネルやサンプルでご覧いただくと共に、下記日程で詳しい
活動内容を発表いたします。ぜひ、お聞きください。

2012年10月13日（土） 13:00～16:00 福岡国際センター 1F

【暮らしの基本】 13:00～14:00

衣のUD PJ	災害時にも使えるUDジャケット
食のUD PJ	「やけど注意」ピクトグラムの提案と普及活動
住空間 PJ	震災・仮設住宅とUD&UDプラス

【暮らしの支え】 14:00～15:00

移動空間PJ	安全で快適な移動
プロモーション映像WG	IAUD広報映像制作
労働環境PJ	テレワークのユニヴァーサルデザイン
標準化研究WG	ユーザ多様性等を配慮したUDマトリックス

【暮らしのゆとり】 15:00～16:00

余暇のUD PJ	テレビコマーシャルにも字幕を
メディアのUD PJ ①	UDとイメージに配慮した配色
メディアのUD PJ ②	見分けやすいハザード情報表示

(PJ:プロジェクト)
(WG:ワーキンググループ)

各PJ/WG 10~15分の発表となります。
ご興味のあるテーマだけの聴講でも結構ですので、ぜひ会場までお越しください。

그림 7-26 유니버설 디자인 연구회 안내물

4) 하마마츠시 유니버설 디자인 적용 실제사례

하마마츠시에서 도시의 생활환경에 어떻게 유니버설 디자인을 적용하였는지를 도로정비, 도로/교통 안내판, 공중 화장실, 기타 사용자 배려 등으로 구분하여 살펴본다.

(1) 도로정비

① 일정한 보행도로 폭 확보

보행도로의 폭을 기준대로 일정하게 유지하도록 도로에 설치되는 설비물과 안내지도, 조명 등을 화단에 위치시켰다(그림 7-27). 즉 보행도로를 침범하는 물건들이 없도록 하여 다양한 보행자들이 이동하는데 장애물이 없도록 하였다.

그림 7-27 보행로 통로폭 확보를 위한 도로정비 사례

② 평편한 도로바닥

자전거 타는 사람, 휠체어 사용자, 유모차 끄는 사람, 가방을 끄는 여행 등 다양한 사용자들이 보행도로를 편리하게 이동할 수 있도록 바닥을 높이 차이 없이 고르게 하였다(그림 7-28, 그림 7-29). 이는 보행로와 건널목의 연결부분, 각종 설비와 하수도 설치 부분 등에도 모두 적용시켰다.

그림 7-28 평편한 보행도로 바닥과 하수도 처리

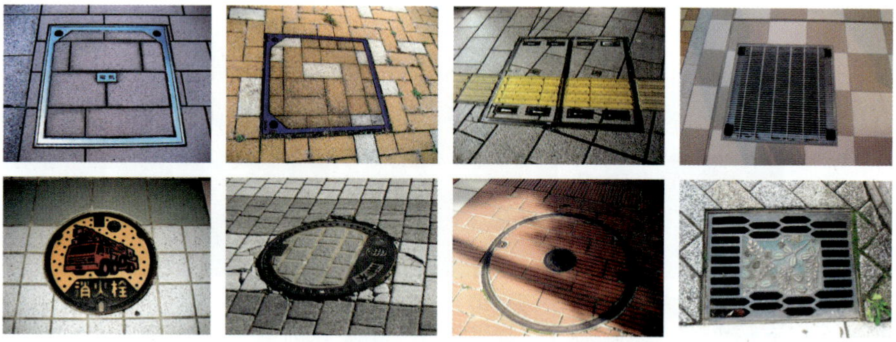

그림 7-29 평편한 보행로를 위한 설비물 표시

(2) 도로/교통 안내판

다양한 사용자를 위한 길안내를 위해 다양한 형태의 안내지도를 제공해 주었다(그림 7-30). 전철과 버스 같은 대중교통 사용자가 다수를 차지하므로 역에서 내려서 방향을 결정해야 하는 위치마다 지도를 설치하였다. 또한 외국인을 위하여 가능한 영어를 같이 사용하고자 하였으며 시각장애인을 위한 점자지도도 점자블록이 닿는 곳에 설치하였다. 공항의 경우는 자주 방문하는 국가의 언어로 교통안내표시를 함으로써 외국인에 대한 배려를 하였다.

그림 7-30 다양한 사용자를 위한 교통안내 표시

전철의 경우 접근성은 물론 다양한 사람들이 가고자 하는 곳을 찾아가기 쉽도록 해주는 것 즉 길찾기가 중요한 이슈이다. 하마마츠시 전철역은 색을 이용한 안내표지판과 필요한 위치마다 안내 표지판이 설치되어 있었다. 즉 표지판마다 해당노선의 색을 크게 하여 구분하기 쉽게 하였으며 길이 나누어지는 곳 등에는 그 방향으로 가는 노선의 안내도를 설치하여 갔다가 되돌아오는 불필요한 동선을 없애려 하였다(그림 7-31).

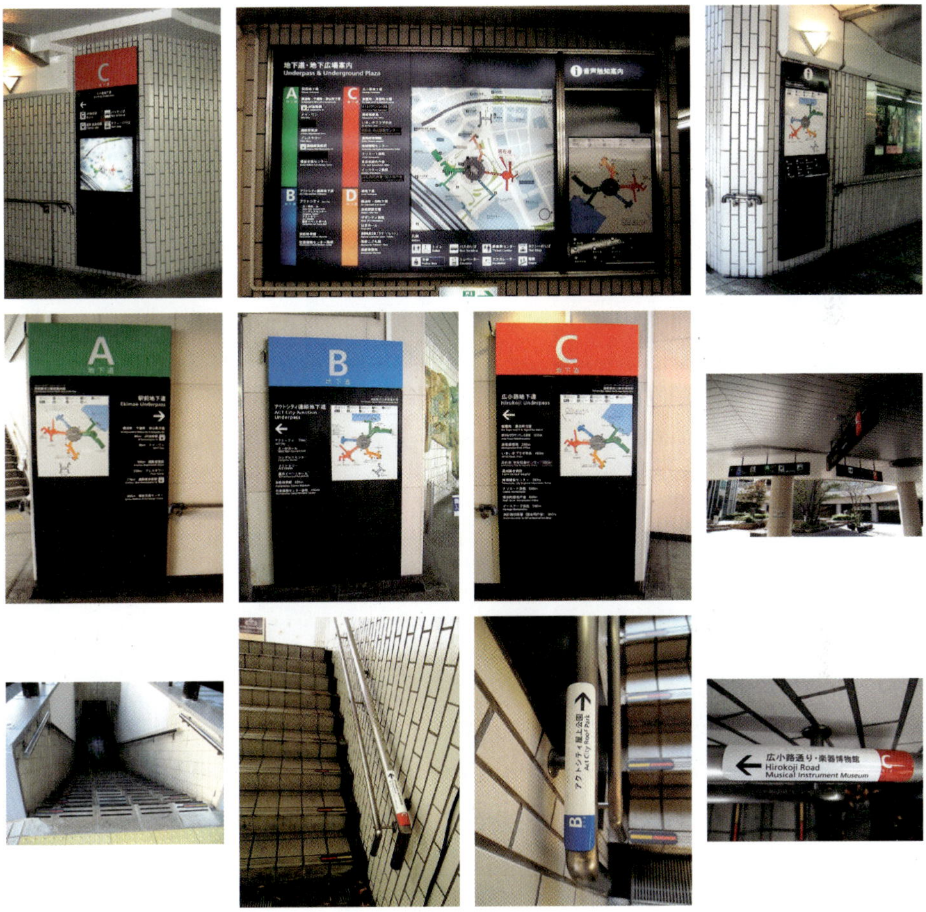

그림 7-31 전철역의 안내표시

(3) 공중 화장실

보통의 화장실을 사용하는데 불편함이 있거나 사용하지 못하는 장애인과 아이를 동반한 어른 등의 경우, 외출을 방해하는 가장 큰 요인 중의 하나가 화장실이다. 하마마츠시에서는 유니버설 디자인을 적용하는 사업의 하나로 공중 화장실을 다양한 사람들이 사용가능한 화장실로 정비하는 작업을 하였다. 휠체어 사용 장애인은 물론이고 시각장애인, 어린아이를 동반한 가족도 사용가능하도록 하였으며 출입문에 내부구조가 어떻게 구성되어 있는지를 보여주는 평면도를 점자로도 알아볼 수 있게 부착함으로써 사용편리하도록 해주었다(그림 7-32, 그림 7-33).

그림 7-32 다양한 사용자를 위한 실외 공중화장실

그림 7-33 다양한 사용자를 위한 실내 공중화장실

(4) 기타 사용자 배려

다양한 사용자, 특히 시각 장애인, 청각 장애인, 지체 장애인 등을 위한 배려를 위한 노력을 곳곳에서 볼 수 있었다(그림 7-34). 이러한 장애인을 위한 배려는 장애인만이 아니라 일시적인 장애인, 임산부, 공간인지력이 낮은 사람, 시력이나 청력이 저하된 사람 등 다른 사람들에게도 많은 도움이 된다는 점을 고려할 필요가 있으며 이것이 유니버설 디자인의 이점 중 하나이다. 그 외에도 버스정류장과 벤치에서도 다양한 사용자를 배려하고 있으며(그림 7-35), 실외 뿐만 아니라 부엌에서는 수납이 용이한 서랍장이 활용되고 있었고 라운지 공간에서는 앉고 일어나기 편한 의자가 사용되고 있었다(그림 7-36).

그림 7-34 시각, 청각, 지체장애인 등 사용자를 배려한 사례

그림 7-35 다양한 사용자를 배려한 유니버설 디자인

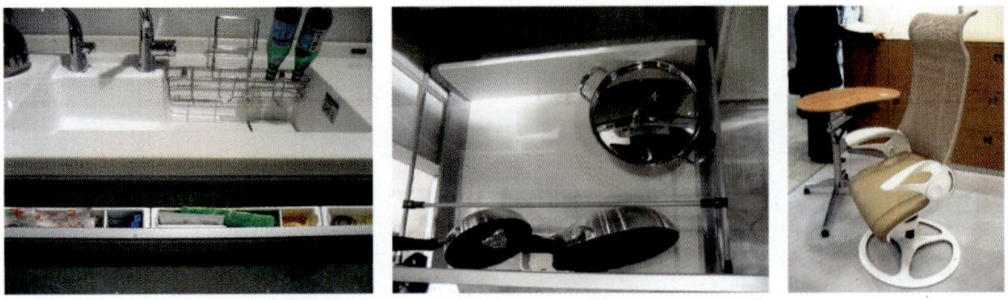

그림 7-36 수납용이한 수납장과 앉고 일어나기 편한 의자 디자인

03 기타 일본의 유니버설 디자인 적용 사례

일본에서 유니버설 디자인의 개념이 공원, 도로, 교통시설, 주거단지 내 공동공간, 부엌, 욕실과 화장실, 핸드레일의 형태, 현관, 세탁기 등에 적용된 사례를 중심으로 적용 사례를 살펴보았다.

1) 공원

최근 들어 건강에 대한 관심이 증대하고 가족이나 친구 등과의 옥외활동을 통한 사회적 교류의 중요성이 커지면서 지역별로 지역의 특성을 고려한 다양한 공원들을 제공하고 있으며 이 때 남녀노소, 장애인 등 모든 사람을 위한 휴식, 교류, 운동 등의 공간으로 활용되도록 하고 있다.

다음은 그린공원을 조성하면서 휠체어 사용자 등 장애인의 접근성과 사회교류를 배려하여 계획함으로써 다양한 사용자를 배려한 사례이다(그림 7-37). 어린이로부터 노인에 이르기까지 다양한 연령층과 휠체어 사용 장애인 등 다양한 신체적 특성을 가진 사람들을 배려하여 함께 이용할 수 있도록 계획한 유니버설 디자인 공원이다.

공원 내에 있는 휠체어 사용자도 접근가능한 화단영역. 화단과 화단 사이의 공간을 넓게 하여 통로공간을 확보하고 화단 높이와 하부공간을 비워놓고 핸드레일을 설치하여 휠체어 사용자의 사용을 배려한 디자인 사례

화단의 높이와 형태를 휠체어 사용자가 접근가능하도록 한 사례. 핸드레일을 설치하여 잡고 이동할 수도 있게 함

휠체어 사용자용 자리를 비워두고 테이블 앞쪽에 핸드레일을 설치하여 함께 할 수 있게 한 사례

그림 7-37 다양한 사용자를 배려하여 계획한 그린공원

이 공원은 가족은 물론 다양한 시민들이 산책이나 조깅, 자전거 타기 등을 편리하고 안전하게 함께 이용할 수 있도록 배려하여 조성하였다(그림 7-38, 그림 7-39). 다양한 시민들을 배려하여 조성하였다는 점에서 유니버설 디자인이 적용된 사례이다.

공원 산책로에 이중 핸드레일 설치

휠체어 사용자, 자전거 타는 사람 등 다양한 사람들이 함께 어울리며 걷기 등을 할 수 있도록 바닥처리를 한 산책로

걷는 사람 전용 보행로와 뛰거나 자전거 타는 사람 전용 도로를 구분하여 안전하게 산책할 수 있도록 조성

그림 7-38 다양한 사람들을 배려하여 조성한 시민공원

공원 중간 중간에 있는 공중화장실. 장애인용 화장실과 남녀화장실로 구성됨

중간중간에 쉴 수 있도록 설치한 벤치

영문을 포함한 글자와 픽토그램을 사용하여 만든 안내표시

그림 7-39 다양한 사용자를 배려한 공원내 편의시설

아래 공원은 꽃과 식물, 야채 등을 이용하여 오감을 느낄 수 있도록 계획한 감성공원이다(그림 7-40). 휠체어 사용자 등이 휠체어에 앉아서 내려다 보거나 가까이에서 꽃이나 식물의 향을 맡거나 만져보면서 감상할 수 있도록 계획하였다. 휠체어에 앉았을 때의 눈높이를 감안하여 지면이 아닌 테이블 높이에 화단을 조성하기도 하였다.

휠체어 사용자도 돌아다니며 보다 가까이에서 꽃이나 식물 등을 보고 느끼며
향도 맡아 볼 수 있도록 화단높이를 앉은 높이에 맞게 조성한 감성정원

그림 7-40 휠체어사용자 등 다양한 사용자를 배려하여 조성한 감성공원

다양한 사용자를 배려하여 만든 감성정원이다. 물소리를 감상할 수 있는 공간에 휠체어 사용자도 가까이 다가갈 수 있도록 아랫부분을 경사지게 처리하였다(그림 7-41 왼쪽). 또한 시각장애인을 고려하여 전체 정원에 걸쳐 바닥에 선형 유도장치를 설치하였으며 장소에 대한 설명을 하는 요지마다 서서 확인할 수 있도록 하였다(그림 7-41 오른쪽).

그림 7-41 다양한 장애인을 배려한 감성정원

유니버설 디자인의 접근성을 적용하여 공원 등에 설치한 음수대이다(그림 7-42). 휠체어 사용자도 혼자 사용할 수 있도록 음수대 형태를 디자인한 사례로, 설치할 때 사용자의 접근을 고려한 동작공간을 확보하는 것도 중요하다.

휠체어 사용자도 이용할 수 있도록 음수대 아랫부분을 비워놓고
음수대 양옆이나 앞쪽까지 핸드레일을 설치한 수전

그림 7-42 휠체어 사용자 등의 접근이 가능한 음수대

2) 도로

도로의 경우는 특히 보행자 도로의 다양한 사용자에 대한 안전성 확보가 주요 이슈가 된다. 특히 일본의 경우는 보행자 도로와 자전거 도로를 분리하지 않고 사용하는 경우가 많은 편이다. 보행자 도로의 사용자는 어린이, 젊은 성인, 노인, 휠체어 사용자, 시각 장애인, 청각 장애인, 짐을 들고 가는 사람, 캐리어를 끌고 가는 사람, 유모차를 끌고 가는 사람 등 다양하다. 따라서 이러한 다양한 사람들이 편안하게 사용할 수 있도록 계획되어야 한다. 바퀴가 달린 휠체어나 유모차, 캐리어 등이 잘 이동할 수 있도록 바닥을 높이 차이가 없이 고르게 하기, 속도를 내고 달리는 자전거 도로와의 분리, 시각장애인을 위한 유도장치 등에 대한 배려가 기본이다(그림 7-43, 그림 7-44).

보행자용 도로와 자전거용 도로의 재료를 다르게 하여 구분함

보행자용 도로와 자전거용 도로를 가운데 녹지공간을 만들어 구분함

자동차의 출입이 제한된 보행자 전용도로에 휠체어 사용자의 통로 제공함

그림 7-43 보행자의 안전을 배려한 보행도로

시각장애인을 위한 노랑색 점자블록을 설치한 보행자 도로

건널목 주변에 설치한 노랑색 점자블록 표시와 자전거 전용 건널목 표시

차도와 안전하게 분리되도록 경계부분에 나무 등을 심게 하고 자전거 도로와 보행도로를 재료를 달리하여 구분함

그림 7-44 다양한 사용자를 배려한 보행도로와 건널목

3) 교통시설

(1) 자동차

고령자와 장애인의 비중이 증가하고 있는 인구학적 특성과 이들의 운전 요구가 증가할 것에 대비하여 이들도 운전할 수 있는 자동차를 개발한 사례이다(그림 7-45). 그림은 운전석이 자동으로 이동할 수 있도록 개발한 사례로 운전자가 운전석에 앉으면 자동으로 타거나 내릴 수 있도록 하여 장애인도 운전을 할 수 있도록 개발한 자동차를 보여준다.

노인이나 장애인을 고려하여 개발한 자동차 사례.
운전자가 앉아 있으면 자동으로 느린 속도로 타고 내리도록 운전석이 이동한다.

그림 7-45 노인이나 장애인을 배려하여 개발한 자동차

(2) 지하철

일본의 나나쿠마선은 10여년의 준비기간을 거쳐서 개통한 시영 지하철이다. 사용자들의 의견을 모두 모아서 이를 반영하여 개발한 대표적인 사용자 참여디자인 사례이다. 각 역마다 고유의 디자인 컨셉을 도입하여 아이덴터티를 부여하였으며 이를 통하여 공간 인지성을 개선하려 하였다. 또한 점자블럭, 시각장애인 유도 음성 등 각 장애인에 대응한 다양한 배려를 하고자 하였다. 이 때 다양한 사용자가 가능한 편리하게 사용할 수 있도록 개발한 다양한 사용자를 고려한 사례이다.

역마다 고유의 캐릭터를 사용하여 아이덴터티를 주고자 하였다(그림 7-46). 역마다 기억하기 쉽도록 캐릭터를 정하고 이를 역의 입구부터 내부에 이르기까지 곳곳에 사용하여 인지하기 쉽도록 하였다(그림 7-47).

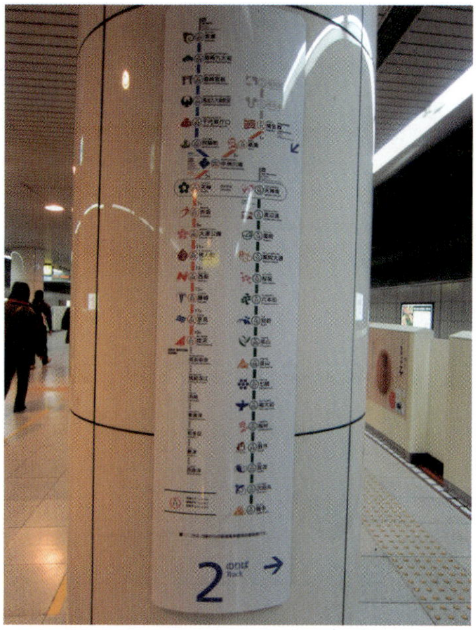

그림 7-46 각 역 고유의 캐릭터

역마다 이름과 함께 고유의 캐릭터를 사용하여 아이덴터티를 가지도록 하였으며
입구 등 곳곳에 캐릭터를 사용하여 길찾기를 용이하게 하였다.

그림 7-47 역마다 고유의 캐릭터를 사용하여 아이덴터티 부여

전철역 내부공간에는 자전거 사용자를 위하여 자전거 보관소를 설치하고 이에 대한 안내표시를 보기 쉬운 위치에 설치하였다(그림 7-48).

전철역 내의 자전거 보관소 안내판

알아보기 쉽도록 위치와 색 등을 배려한 보관장소 안내판

전철역 내에 위치한 자전거 보관소

투입구가 경사진 휴지통

그림 7-48 전철역 자전거 보관장소와 안내판

전철역의 내부공간은 바닥에 높이차이가 없게 하여 바퀴달린 물건을 사용하는 사람을 포함한 모든 사람들이 자립적으로 이용할 수 있게 하였다. 또한 점자블럭을 모두 연결시켜 시각장애인도 이용가능하게 하였다(그림 7-49 왼쪽). 또한 전철역의 표 사는 곳 중 한 곳은 휠체어 사용자와 시각장애자를 위한 배려를 하여 다른 사용자와 함께 하면서 표를 구입할 수 있도록 하였다. 이들을 위한 접근성을 배려한 사례이다(그림 7-49 오른쪽).

이중 핸드레일과 점자블록이 설치된 전철역 내부 경사로

휠체어 사용자와 시각장애인이 접근 가능한 표 사는 곳

그림 7-49 휠체어 사용자 등을 배려한 전철역 내부 통로와 매표소

휠체어 사용자나 가방을 끌고 가는 사람 등이 전철 개찰구를 쉽게 통과할 수 있도록 개찰구 중 한 개는 폭을 넓게 하였으며 그 위치를 어느 한쪽이 아닌 중앙에 위치시킴으로써 동등성을 제공해 주었다(그림 7-50 왼쪽). 또한 에스컬레이터의 손잡이와 발판에 색을 잘 사용하여 식별성을 높였다(그림 7-50 중간). 플랫폼에는 노약자 등을 위한 앉을 곳을 제공하되 따뜻한 분위기의 재료로 마감하였다(그림 7-50 오른쪽).

휠체어 사용자 등이 사용가능한 넓은 출입구를 가장자리가 아닌 가운데에 위치시킴

계단과 나란히 설치한 에스컬레이터와 노란색 유도 점자블록

기다리면서 앉을 수 있게 설치한 벤치. 마감재를 나무로 하여 따뜻함과 편안함을 제공함

그림 7-50 다양한 사용자를 배려한 전철역 내부공간

다양한 사용자용 화장실을 제공함은 물론 화장실에 어떤 유형의 화장실이 어디에 위치해 있는지를 미리 알 수 있도록 화장실 입구에 평면도를 부착하였으며 이 평면도는 색과 픽토그램을 사용하여 표시하기도 하였다(그림 7-51).

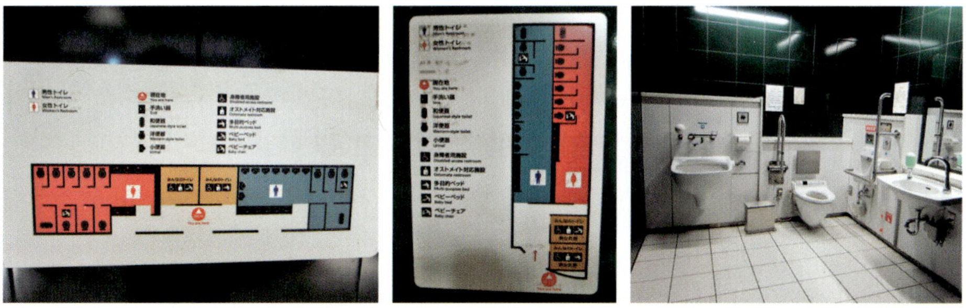

전철 내 공중화장실 입구 평면도

다양한 사용자용 화장실

그림 7-51 전철역 화장실 안내도와 다양한 사용자용 화장실

다른 노선의 일부 전철역에서는 가고자하는 방향을 쉽게 알 수 있도록 숫자를 크게 하였다(그림 7-52).

누구나가 가고자 하는 방향을 잘 찾을 수 있도록 번호를 어디서나 보이도록
바탕과 보색으로 처리하고 크게 한 사례

그림 7-52 숫자 크기를 크게 하여 표시한 전철역의 방향표시

(3) 시내버스

시내버스의 경우도 휠체어 사용자 등에 대한 배려가 잘 되어 있었다. 우선 버스 바깥쪽에 휠체어 표시를 부착하여 휠체어 사용자를 위한 배려가 되어 있음을 알 수 있게 하였다. 버스의 출입문이 두 쪽이 아닌 네 쪽으로 되어 있어 문 열리는 공간으로 인하여 사용자에게 주는 불편함을 줄여 주었다. 또한 버스 내부에는 휠체어 사용자를 위한 공간을 마련하고 공간의 사용설명서를 부착하여 놓았다(그림 7-53).

휠체어 사용자의 사용이 가능함을 알려주는 시내버스 외관과 출입문 가까이에 마련된 휠체어 사용자용 자리와 사인 부착

시내버스 안 휠체어 사용자 전용 자리와 사용법

그림 7-53 휠체어 사용자도 탑승 가능한 시내버스

4) 주거단지 내 공동공간

주거단지 내의 공동공간의 접근성과 사회교류 제공사례이다(그림 7-54, 그림 7-55). 주민 중에 노인이나 장애인 등의 비중이 증가하고 있다는 사실을 배려하여 계획한 사례로 누구나가 가고자 하는 곳을 갈 수 있게 접근 가능하도록 바닥과 시설물 높이 등을 처리하였으며, 주민들 간의 상호교류가 자연스럽게 발생하도록 곳곳에 의자 등을 설치하였다.

강을 건너는 다리를 계단이 아닌 경사로 형태로 하여 다양한 사용자가 사용가능	건물 입구에 계단과 경사로를 나란히 설치. 한쪽에는 잠시 쉬면서 교류 가능하도록 의자 배치	단지 내 공동공간에 거주자 간 접촉을 위한 벤치 설치 및 벤치까지의 접근성 제공

그림 7-54 주거단지 내 다양한 사용자를 위한 배려사례

화단의 높이와 형태를 휠체어 사용자의 앉은 높이에 맞추고 휠체어가 들어가도록 아랫부분을 경사지게 하여 비워놓음	화단 높이를 휠체어 사용자의 앉은 높이에 맞게 하고 화단 아랫부분을 비워 놓아 휠체어가 들어갈 수 있도록 함	단지 내 공동공간 전체를 높이 차이없이 평편하게 하여 누구나가 어디든 접근가능하도록 함

그림 7-55 주거단지 내 다양한 사용자의 접근성과 교류를 배려한 공간

5) 부엌

부엌공간은 접근성이 중요한 작용을 하므로 특히 휠체어 사용자 등은 이에 대한 배려를 필요로 한다. 부엌에서의 작업을 볼 때 개수대가 중요한 역할을 하며 또 개수대에서 가장 많은 시간을 보내는 성향이 있으므로 개수대에 대한 접근성을 중요시한다. 그럴 경우 자연 개수대 하부수납장의 기능이 없어지게 되며 이에 따라 접근가능하고 효율적인 수납공간에 대한 요구도 커진다. 따라서 개수대에의 접근성과 수납공간에의 접근용이성과 효율성을 위한 개발이 주를 이루고 있다.

다음은 휠체어 사용자도 사용할 수 있도록 개수대 아랫부분을 개방하여 놓은 사례와 수납공간의 접근용이성을 고려하여 계획한 사례들이다(그림 7-56).

개수대 아랫부분을 비워놓아 휠체어 사용자도 접근가능

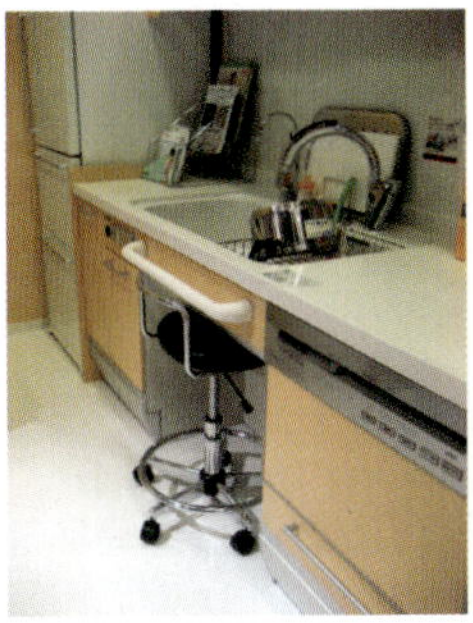

개수대 아랫부분을 비워놓아 의자 놓고 앉아 사용가능

조리대 상부수납장 부분이 아래로 내려와 접근성 부여

개수대 하부수납장을 열리게 하여 물품 수납가능

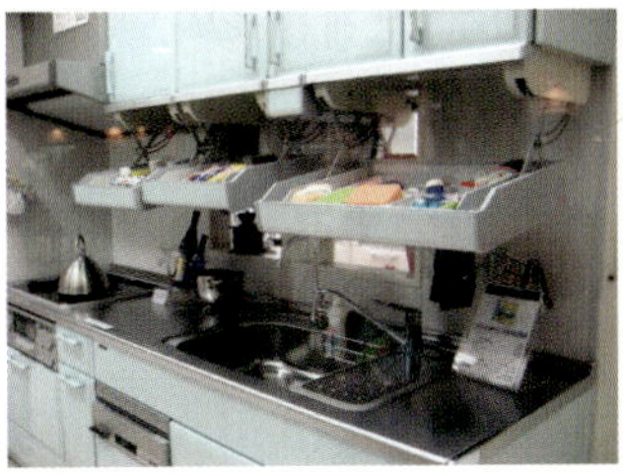

조리대 위 상부수납장 부분이 아래로 내려올 수 있도록 하여 접근성 제공

개수대 아래 하부수납장 부분을 열리도록 하여 개수대 사용물품들 수납가능

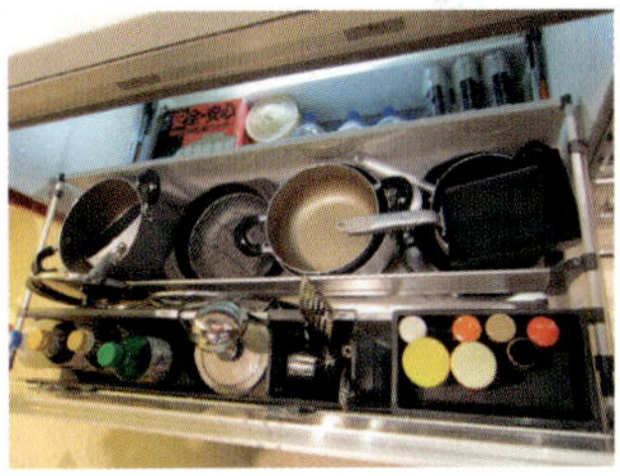

하부수납장에 구획을 하여 보다 많은 물건을 사용편리하게 수납가능

그림 7-56 휠체어 사용자 등의 접근성과 수납효율성을 고려한 부엌공간

6) 욕실과 화장실

욕실과 화장실도 부엌공간과 마찬가지로 접근성에 대한 배려를 필요로 하는 대표적인 공간이다.

다음은 주택 욕실공간의 바닥높이를 인접 공간의 경우와 동일하게 하여 접근성을 확보한 사례이다(그림 7-57).

욕실 내외부의 바닥높이를 동일하게 하여 접근용이한 욕실

그림 7-57 다양한 사용자의 접근성을 높인 화장실 입구

화장실에 설치하는 지지대의 종류들을 보여준다(그림 7-58). 벽에는 L자형 지지대를 설치하는 것이 기본이다. 이외에 변기의 뒷벽에 접이식 지지대를 변기의 좌측이나 우측에 설치하는 경우도 있다. 이는 접이식이어서 필요한 경우만 내려서 사용하면 된다는 장점이 있다. 또한 최근에는 변기 자체에 접이식 지지대가 좌우 양측에 부착되어 있는 제품이 개발되었다. 이 경우 지지대 부분을 나무 같은 따뜻한 느낌의 재료를 사용함으로써 시설 같은 느낌을 줄이려 하였다.

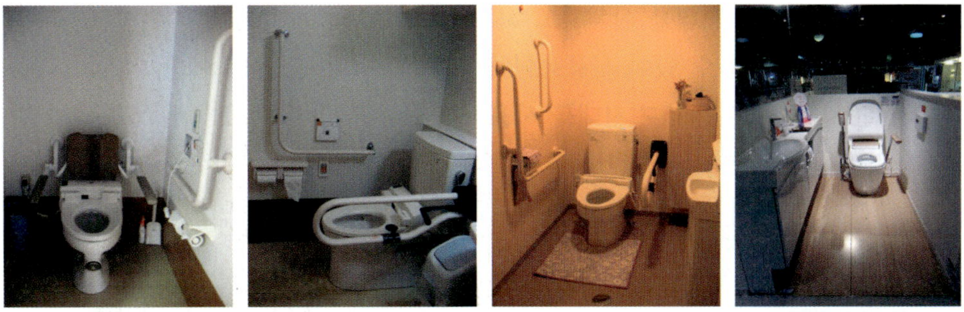

벽에 L자형 지지대를 설치하고 변기 양쪽에도 나무 지지대가 부착되어 있어 앉고 일어설 때 지지할 수 있으며 나무 등받이도 설치되어 있어 기댈 수 있다.

왼편의 것과 동일한 장애인 등을 배려한 화장실 사례. 벽에 L자형 지지대를 설치하고 변기 왼편에만 접이식 지지대를 설치한 사례이다. 모두 흰색으로 처리하여 깔끔한 분위기를 연출하였다.

혼자서도 사용할 수 있도록 변기에 앉거나 일어설 때 지지할 수 있도록 양쪽에 팔걸이가 부착된 변기

그림 7-58 화장실 변기 주변 지지대 사용사례

공용 화장실에 설치된 세면대 중 일부에 보조 지지대를 설치하여 장애인도 동일한 곳에서 세면대를 사용할 수 있게 하였으며 이 세면대는 세면대 자체에 건조기가 설치되어 있어 동선을 단순하게 하였다(그림 7-59).

지지대가 필요한 사람용 세면대를
같이 설치한 동등한 사용 사례

세척에서 건조까지 되는 세면대.
세면대 안 앞쪽에 건조기 설치

그림 7-59 공용 화장실에서의 동등한 기회 부여사례

세면대 양쪽에 지지대를 설치하고 하부공간을 비워 놓으면 휠체어 사용자가 지지대를 잡고 접근할 수 있어 사용용이하게 해준 사례이다. 욕조에 들어가고 나올 때 지지할 수 있는 이동식 지지대를 사용하면 사용자 특성에 따라 위치를 정할 수 있어 편리하다. 한편 누군가의 도움을 받아 목욕하는 사람의 경우 욕조를 벽에 부착시키지 않고 설치하게 되면 도움을 주는 사람이 접근하기 용이하여 편리하다(그림 7-60).

세면대 아랫부분에 휠체어 사용자도 접근이 가능하도록 비워놓고 세면대 양편에 지지대를 설치하여 잡고 접근가능함

욕조 입구와 안쪽에 설치된 지지대와 이동식 지지대, 그리고 욕조 안에 설치된 손잡이

욕조를 벽에 부착시키지 않고 설치하면 양쪽에서 도와줄 수 있어 편리

그림 7-60 다양한 사용자를 배려한 세면대와 욕실 설치사례

휠체어 사용자나 유아를 동반한 경우, 공항이나 역 같은 익숙하지 공공장소에서 사용가능한 화장실이 있는지가 주요 관심사항 중의 하나이다. 따라서 이러한 상황을 고려하여 보다 구체적인 정보제공이 필요하다(그림 7-61, 그림 7-62).

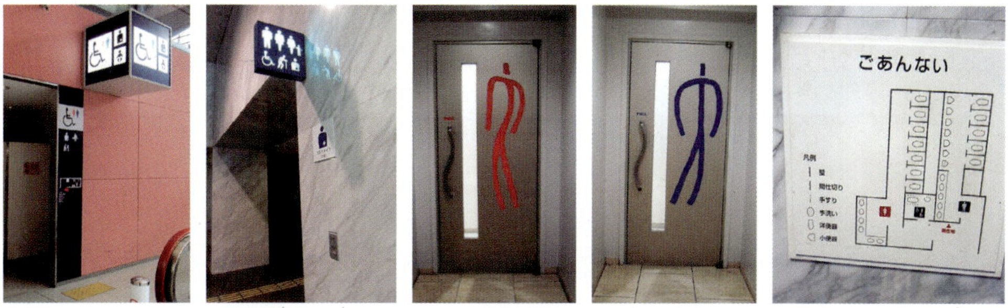

공공장소에서 화장실의 유형과 위치를 찾기 쉽도록 표시한 사례

남녀화장실 구분을 명확하게 할 수 있도록 각 출입문에 색과 픽토그램으로 명확하게 표시한 사례

화장실 유형, 개수, 위치 등을 미리 알 수 있게 입구에 부착된 평면도

그림 7-61 다양한 사용자를 위한 공공장소 화장실의 안내표시

공항 같은 공공공간에서 다양한 사용자를 배려한 화장실.
화장실을 쉽게 구분할 수 있도록 색과 픽토그램을 사용

그림 7-62 다양한 사용자를 위한 공공장소 화장실의 안내표시

7) 핸드레일의 형태

수직적이거나 경사진 부분에 설치하는 핸드레일의 형태를 일자형이 아닌 곡선형으로 한 사례이다. 사용평가 결과 일자형 보다 곡선형이 더 효율적으로 지지해 주는 것으로 나타났다고 한다. 사람이 잡고 힘을 주거나 지탱하기에 더 용이한 손잡이 형태로 화장실, 욕실, 문, 현관, 계단 등에 사용된 사례이다(그림 7-63).

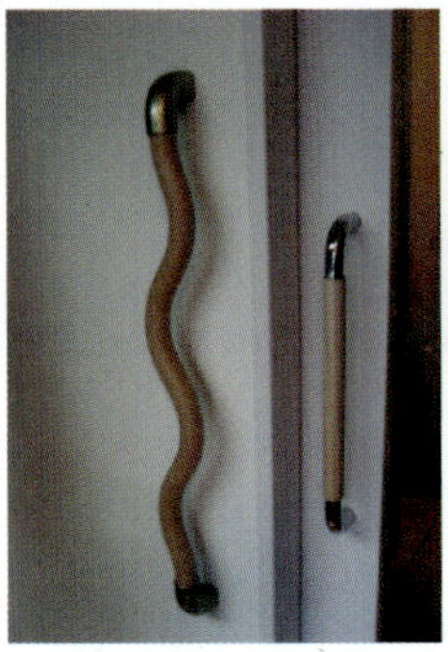
문 입구

변기 옆

현관 의자 옆

계단

욕조 옆

공동 목욕탕의 수도 옆

계단

그림 7-63 곡선형 핸드레일의 사용사례

8) 현관

건물 현관의 높이차이 없는 바닥으로 다양한 특성을 가진 사용자들에게 접근성을 제공해 주며 다양한 용도로 사용가능한 의자를 배치하여 편리함을 주는 사례이다(그림 7-64).

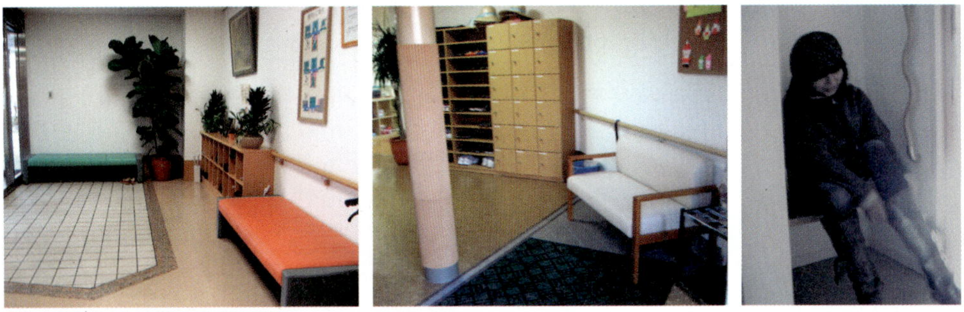

바닥이 평편하여 장애물이 없으며 의자를 두어 신발을 갈아신거나 할 때 앉아서 안정된 자세로 가능

신발을 신거나 할 때 유용하게 이용할 수 있는 현관의 앉을 수 있는 공간

그림 7-64 다양한 사용자와 상황을 배려한 현관

9) 세탁기

세탁기의 문을 어떻게 디자인하느냐 하는 것이 사용자의 사용편리성을 결정짓는다(그림 7-65). 그림에서 볼 수 있듯이 세탁기 문이 위에 위치하고 있으면 키가 작은 사람은 세탁물에 손이 닿지 않아 세탁물을 꺼내기 어렵다. 앞면에 위치하면, 안의 세탁물을 넣고 꺼내려면 구부리는 자세를 취해야 하므로 힘든 동작이 된다. 그러나 세탁기의 문이 대각선으로 위치하게 되면 접근성이 확보되어 누구나가 세탁물을 넣고 꺼낼 수 있게 되어 사용편리하며 이것이 유니버설 디자인이다.

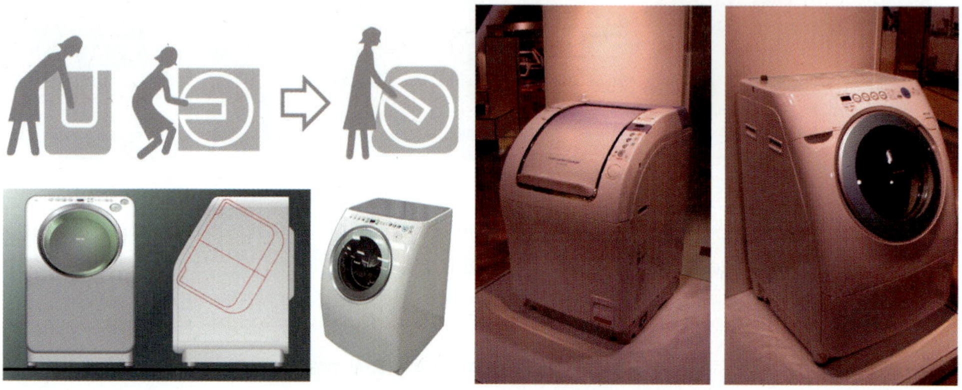

세탁기 문의 위치가 사람의 접근성을 결정지으며 접근성을 높인 사례

그림 7-65 다양한 사용자를 배려한 세탁기 문의 위치

10) 기타 : 여닫이 문

옷장문 등을 여닫을 때 힌지부분에 손이 끼여서 다치는 사고가 종종 발생한다. 그러나 아래 그림은 이러한 위험을 없애주도록 개발한 방식으로 된 문이다(그림 7-66). 아무리 손을 갖다 대어도 끼이지 않도록 만들어져 안전성을 제공해 준다.

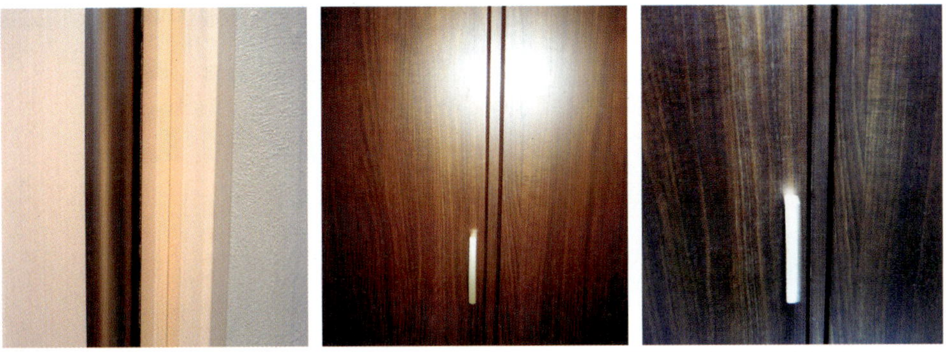

문을 여닫을 때 힌지부분이 드러나지 않아 안전한 문

그림 7-66 힌지부분을 안전하게 처리한 문

2층 이상의 건물에서 자신이 있는 층수를 몰라서 찾는 경우가 종종 있다. 따라서 이를 인지하기 쉽도록 엘리베이터 등에 색, 캐릭터, 큰 숫자 등을 사용한 사례이다(그림 7-67). 어린이나 노인 등은 자신이 찾아온 층수를 잊는 경우가 종종 있으므로 기억하기 쉬운 색이나 캐릭터 등을 사용하면 효과가 있다.

고층건물인 경우 각 층을 구분하기 쉽도록 엘리베이터에 색과 캐릭터 등을 활용한 사례

위치에 대한 인지를 높이도록 엘리베이터 문에 층수를 크게 표시

그림 7-67 층 인지를 높이기 위한 층 표시사례

제8장 유럽의 유니버설 디자인

01 덴마크의 유니버설 디자인

덴마크의 유니버설 디자인 적용사례는 수도인 코펜하겐 지역을 중심으로 대중교통수단인 트램, 기차, 버스 등의 교통시설과 동물원, 장애인단체시설, 도로 등의 사례를 살펴본다.

1) 교통시설

(1) 트램(tram)

덴마크 코펜하겐의 트램은 코펜하겐이 자전거 도시임을 입증해 주듯이 트램에도 자전거 칸을 마련하여 이용편리하게 되어 있다. 물론 여기서 자전거 칸은 자전거 뿐만이 아니라 휠체어, 유모차, 바퀴 달린 가방 등 보행에 장애가 되는 모든 것을 포함하는 것이다.

우선 정류장에 가면 어떤 칸이 이러한 바퀴달린 물건들을 쉽게 이동시키고 보관할 수 있는 칸인지를 쉽게 알아볼 수 있도록 해당 칸 바깥부분에 자전거와 휠체어, 유모차, 바퀴달린 가방 등의 표시를 픽토그램으로 그려서 눈에 잘 보이도록 해놓았다(그림 8-1 왼쪽). 트램 바닥의 높이도 플랫폼의 높이와 같게 하여 바퀴들이 쉽게 이동할 수 있도록 하였다(그림 8-1 중간). 또한 칸과 칸의 연결통로 천정 아랫부분에 화살표와 함께 어떤 사용자가 사용하기 편리한 칸인지를 역시 픽토그램을 사용하여 표시하여 놓았다(그림 8-1 오른쪽). 즉 칸과 칸 사이 천정아래 부분에 좌측칸과 우측칸 각각이 바퀴달린 물건들 사용이 가능한 칸인지, 애완동물 사용이 가능한 칸인지 등에 대한 안내표시를 해놓아 사용가능한 칸을 찾아가기 쉽게 만들어 놓았다.

자전거 등 바퀴달린 물건 사용자용 전용칸을 찾기 쉽게 문에 자전거 그림을 크게 그려넣은 트램 외관

자전거 등 전용칸의 바닥높이를 플랫폼과 같게 하여 접근편리성을 제공한 사례

칸 사이의 연결통로 천정 바로 아래부분에 좌우 칸의 사용가능자를 표시한 픽토그램

그림 8-1 트램의 외관과 내부 연결부분

• 자전거나 유모차 등 바퀴달린 물건들의 사용이 가능한 칸을 보면 자전거를 움직이지 않게 고정시켜 놓을 수 있는 장치가 설치되어 있다(그림 8-2). 의자배치를 창가를 따라 일직선으로 배치하여 자전거를 놓을 수 있는 공간을 확보하고 의자와 의자 사이에 자전거를 고정시켜 놓을 수 있도록 장치를 설치하여 자기 자전거 옆에 앉을 수 있게 하였다. 트램을 이용하는 다양한 사람들과 사용자들의 다양한 상황을 배려하였으므로 유니버설 디자인이 적용되었다고 볼 수 있다.

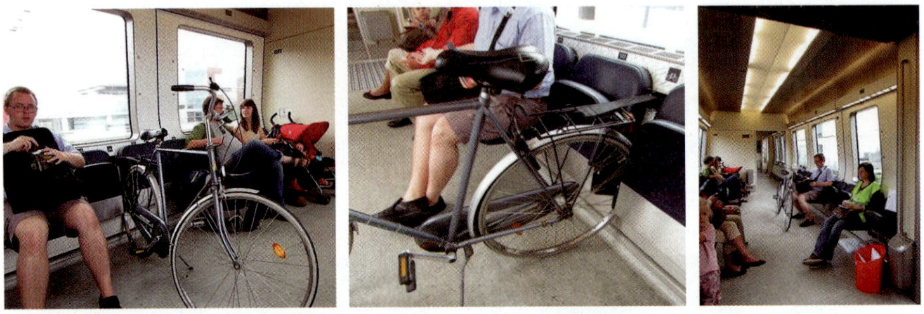

자전거 등 바퀴달린 물건과 함께 이동하는 사람들을 위한 전용 칸의 내부모습. 좌석이 양쪽 창가 쪽으로 입석용으로 배치되어 있고 자전거가 움직이지 않도록 고정시켜 놓는 장치가 좌석과 좌석 사이에 위치하고 있어 주인이 바로 옆에 앉아서 갈 수 있도록 해 놓았다.

그림 8-2 트램 자전거 전용칸의 내부모습

(2) 기차(train)

트램과 마찬가지로 기차도 자전거 등 바퀴달린 물건 사용자도 쉽게 이용할 수 있게 되어 있었다. 자전거 등 바퀴달린 물건 사용자가 해당 칸을 멀리서도 쉽게 찾을 수 있도록 자전거 등의 모양을 해당 칸 바깥에 크게 그려 넣었다(그림 8-3).

그림 8-3 자전거, 유모차, 휠체어 사용자 전용칸임을 표시해 놓은 기차 외관

역 내부에도 자전거를 갖고 탈 수 있는 칸이 어디인지를 알아볼 수 있도록 해당 칸이 정차하는 곳의 바닥에 자전거를 그려놓았다(그림 8-4). 자전거를 갖고 탈 수 있다는 사실만 아는 사람도 이러한 체계화된 안내표시가 잘 되어 있어 쉽게 이용할 수 있게 되어 있다.

그림 8-4 자전거 전용칸의 위치를 바닥에 표시한 기차 내부역 모습과 전용 칸의 내부모습

(3) 버스

어린아이를 데리고 버스 타는 것은 쉬운 일이 아니다. 그러나 코펜하겐에서는 한 명도 아닌 여러 명의 어린아이를 데리고 버스 타는 일이 흔하게 보인다(그림 8-5).

버스정류장에서 성인여성이 유모차에 태운 여러 명의 어린 아이들과 함께 버스를 기다리는 모습

유모차 갖고
버스 타는 모습

버스 내부의 장애인 등을 위한 공간

그림 8-5 버스정류장과 장애인 등 배려한 내부공간

이러한 상황도 수용할 수 있도록 버스 내에 공간적 배려와 운전자를 포함한 사람들의 이들에 대한 배려가 있기 때문이라고 본다. 즉 물리적 환경 뿐 아니라 정신적 유니버설 디자인이 함께 작용하기 때문이라고 본다.

2) 도로

코펜하겐은 자전거 사용자의 비율이 높은 도시이자 많은 여행객들이 찾는 도시이다. 따라서 차도와 인도 사이에 자전거 전용도로가 비교적 확보되어 있었으며 보행도로도 캐리어나 유모차, 휠체어 등을 사용하는 사람들에 대한 배려도 비교적 잘 되어 있었다. 따라서 이런 사람들을 곳곳에서 손쉽게 볼 수 있었다(그림 8-6).

그림 8-6 도로에서 자전거 타는 사람과 캐리어와 유모차를 끌고 가는 사람들

차도와 자전거 전용도로 및 보행도로를 보면, 도로와 도로 사이에 턱을 만들거나 기둥을 세워서 구분하는 것이 아니라 바닥재의 종류를 달리하여 구분함으로써 바닥을 평편하게 유지하였으며 따라서 수직적 접근성을 확보하였다(그림 8-7). 또한 바닥재의 종류와 색 등은 보색으로 하여 시각적으로 지나치게 눈에 튀게 하기 보다는 도시의 이미지와 잘 조화되도록 하였다. 이는 도시 전체의 이미지 등을 고려하여 바닥재의 종류와 색, 형태 등을 선택하여 사용하는 것이 필요함을 보여준다.

그림 8-7 버스, 자전거, 보행자 등 다양한 사용자를 배려한 도로

공원과 보행도로 곳곳에는 휠체어 사용자 등의 접근이 용이하고 사람들간 자연스러운 교류가 발생할 수 있도록 다양한 형태의 벤치들이 배치되어 있었다(그림 8-8).

그림 8-8 공원 등에 설치된 접근성과 교류를 위한 벤치

3) 동물원

동물원은 남녀노소 누구나가 이용하는 곳이며 따라서 유니버설 디자인적 관점에서의 접근은 필수적이다. 특히 어린 아동과 고령자 및 장애인을 위한 접근성과 안전성 확보는 기본이라고 볼 수 있다(그림 8-9).

그림 8-9 동물원의 다양한 관람객들

1999년 코펜하겐 동물원은 140주년을 맞이하며 다음 10년-15년을 위한 마스터 플랜을 세우면서 동물원 북쪽에 코끼리 공간을 조성하기로 하고 Norman Foster에 의뢰한다. 이제까지처럼 헛간같이 어둡고 무거웠던 콘크리트 건물이 아니라 개방적이고 밝은 공간으로 조성하고자 하였다. 코끼리의 속성, 어린이, 노인, 유모차에 유아를 동반한 성인, 휠체어 사용자 등 다양한 관람객, 사육사에 대한 배려를 하여 계획되었다고 한다(그림 8-10).

그림 8-10 코펜하겐 동물원 내 코끼리동물원

동물원 입구에는 검은색 가죽을 씌운 긴 벤치를 출입구 양쪽으로 여러 개 배치하여 관람객들이 잠시 앉아 쉴 수 있게 배려하였다(그림 8-11). 동물원을 관람하다보면 피곤함을 느끼게 되는데 그 때 편한 자세로 쉴 수 있는 공간을 제공한 것이다. 사용자에 대한 배려의 결과이다.

그림 8-11 코끼리 동물원 입구에 사용자 배려하여 배치한 벤치

코끼리에 대한 다양한 정보를 제공해 주는 전시공간은 다양한 전시기법을 사용하여 지루하지 않게 하였으며 전시내용을 집중해서 볼 수 있게 바닥을 평편하도록 계단이 아닌 경사로로 처리하였다(그림 8-12).

그림 8-12 코끼리 동물원 입구 지나 위치한 전시공간

코끼리를 가까이에서 볼 수 있는 실내공간은 안전성과 접근성을 고려하여 계획하였다. 코끼리가 머무는 실내공간은 유리돔 천정을 사용하여 햇볕을 받아들임으로써 개방적으로 조성하였으며 관람객 공간과는 기둥을 적절히 간격을 두고 세우고 그 사이를 줄 여러 개를 가로로 연결하여 관람객들이 안전하게 그러나 가까이서 코끼리를 관찰할 수 있게 하였다(그림 8-13). 관람객을 위한 통로의 바닥은 물론 높이차이 없이 평편하게 하여 휠체어 사용자나 유모차를 타고도 자유롭게 관람할 수 있게 하였다.

그림 8-13 코끼리 공간

코끼리 동물원의 실외공간도 내부공간과 연속성있게 만들었다(그림 8-14). 관람객의 안전을 위하여 기둥을 세워 만든 벽과 철로 만든 난간벽을 이중으로 하여 편안하게 관람할 수 있게 하였다.

그림 8-14 코끼리 동물원의 외부 모습

공간을 계획할 때 길찾기를 쉽게 하도록 하는 안내표시도 공간디자인의 한 요소에 포함시켜서 함께 고려하면 더 조화로운 공간이 될 것이다(그림 8-15).

그림 8-15 위치안내

4) 장애인단체 건물

코펜하겐에서 약간 떨어진 곳에 다양한 장애인들을 위한 기관이 위치하고 있었다. 그 곳까지 가는 길은 시골길임에도 불구하고 시각장애인과 휠체어 사용자 등을 위한 배려가 되어 있었다(그림 8-16). 제 기능과 주변환경과의 조화를 고려한 색상 선택 등에 대해 생각하게 해준다.

그림 8-16 장애인기관까지 가는 길에 설치된 점자블록의 색상

기관건물의 주 현관에는 안내공간이 있는데 역시 전체를 초록색으로 하여 구분하기 쉽게 하였으며 주변에는 다양한 장애인들과의 의사소통을 위하여 필요한 보조도구들을 설치하여 놓았다(그림 8-17 왼쪽). 또한 실내공간의 바닥은 모두 흰색으로 되어 있었다. 시각장애인 등을 위하여 흰색 바닥에 회색 점자블록과 그 주변을 동일한 회색으로 일정한 폭으로 처리하여 쉽게 알아볼 수 있게 하였으며 주변 색과의 조화도 유지하게 하였다(그림 8-17 중간과 오른쪽).

그림 8-17 바닥에 설치된 시각장애인을 위한 색과 점자블록

장애인 기관의 실내공간은 중정형으로 구성되어 있어 방향성을 찾기가 쉽지 않아 색상을 사용하여 방향성을 제공하였다(그림 8-18). 또한 벽모서리 부분을 둥글게 처리하여 안전성을 확보하였다.

그림 8-18 안전성을 위해 둥글게 처리한 모서리 부분과 방향성을 위한 색 사용

배치된 가구들은 사용편리하게 디자인된 가구들이었다. 다리 부분이 일자가 아닌 약간 둥글게 처리하여 앉고 일어나기 쉽게 디자인한 가구들이 배치되어 있었다(그림 8-19).

그림 8-19 앉고 일어나기 편하게 디자인한 의자

02 노르웨이의 유니버설 디자인

노르웨이에서는 유니버설 디자인이 전 지역에 적용할 필요성을 인지하고 국가의 여러 부서에서 통합적으로 유니버설 디자인 정책을 수립하였다. 카운티(county)로 구성된 노르웨이에서는 각 카운티에 유니버설 디자인 전문 인력을 배치할 것을 권장한다. 각 카운티로부터 신청을 받고 유니버설 디자인 전문인력에게는 정기적인 교육과 관련 학회나 모임 참석의 기회를 제공하는 등 관련 정보를 제공하고 교류하는 방식으로 진행하고 있다. 또한 이들 전문인력은 해당 카운티에서 건축물이나 도로, 공원 등의 신축이나 리모델링을 할 때 참석하여 유니버설 디자인 관점에서 적정여부를 판정하는 기회를 갖게 된다. 국가가 주관이 되어 체계적으로 실시한다는 점에서 일본과 유사한 체제이다.

1) 노르웨이 Stord 지역의 유니버설 디자인 사례

(1) 공공장소

공공장소에 화단 등을 만들면서 사람들이 앉아서 잠시 쉬거나 할 수 있는 의자를 함께 제공해 주었다. 종종 공공장소에 가면 잠시 앉거나 가방 등을 놓을 곳이 마땅치 않아 불편한 경우가 있다. 이곳은 배를 타거나 바다를 바라다 볼 수 있는 곳이므로 다양한 목적을 위한 사람들이 이용하는 곳이다. 따라서 이러한 다양한 목적을 위하여 사용할 수 있는 화단 겸 의자를 만들어 곳곳에 배치하였다(그림 8-20).

공공장소에 휠체어 사용자와 함께 할 수 있도록 휠체어 사용자 자리를 비워놓은 테이블이 달린 공용 벤치도 있었다(그림 8-20 아래 오른쪽). 특별히 휠체어 사용자가 앉을 수 있는 벤치를 디자인하기보다는 휠체어가 놓일 수 있는 자리를 배려해 줌으로써 모두가 함께 이용할 수 있도록 디자인 한 경우이다.

그림 8-20 공공장소에 제공된 교류를 위한 화단겸 벤치

이 지역에서 건물 출입구에 경사로를 추가로 설치한 사례이다(그림 8-21). 이전에는 계단이나 단 만으로 구성되어 있어 휠체어 사용자가 혼자 사용할 수 없었던 곳이었으나 이 경사로를 설치해 줌으로써 휠체어 사용자 스스로 사용할 수 있는 건물이 되었다. 이렇게 작은 것부터 하나씩 하나씩 개선해 가고 있었다.

그림 8-21 건물 출입구의 경사로 추가 설치

(2) 초등학교

- 단차이 없는 평편한 현관출입구

- 대개의 경우 현관입구는 지면 위에 2-3개의 계단을 설치한다. 그러나 이 학교는 휠체어 사용자 등을 고려하여 입구부터 현관에 이르기까지 높이차이 없이 평편하게 처리하여 휠체어 사용자와 비사용자 모두가 동일한 현관문을 사용할 수 있도록 하였다(그림 8-22). 접근성 확보를 통해 동등한 기회를 제공한 사례이다.

그림 8-22 학교 출입구

- 점자블럭

- 현관을 통해 실내공간으로 들어오게 되면 시각장애인을 배려한 점자블록이 설치되어 있었다. 단지 일정한 장소에만 설치하는 것이 아니라 안내공간, 엘리베이터, 도서관 라운지 등 각 공간으로 선을 따라 이동할 수 있도록 선형으로 설치되어 있었다(그림 8-23).

그림 8-23 바닥에 설치된 점자블록

- 계단 점자블럭

  - 계단에는 시작 부분과 도착 부분에 계단 폭과 같은 폭으로 넓게 점자블록을 설치하였으며 계단코 부분마다 진한 색으로 처리하여 계단의 존재를 명확하게 알아볼 수 있게 하였다(그림 8-24).

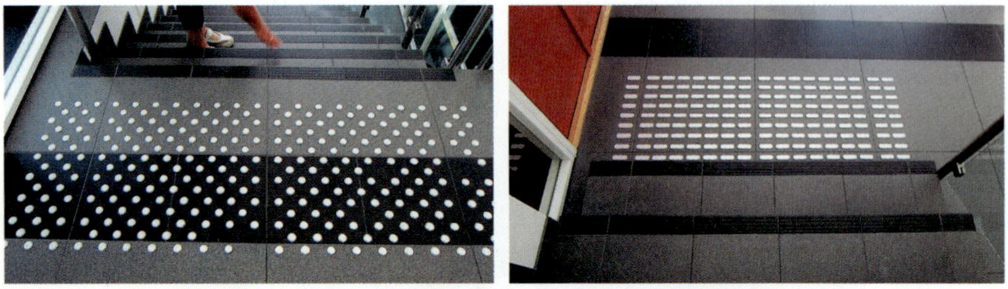

그림 8-24 계단 시작점과 끝지점에 설치된 점자블럭과 계단코

- 교실문

  - 교실마다 문 색을 달리하여 어린 학생들이 구분하기 쉽게 하였다. 또한 문 주변을 유리로 하여 안에서 일어나는 일을 확인할 수 있도록 하였다(그림 8-25).

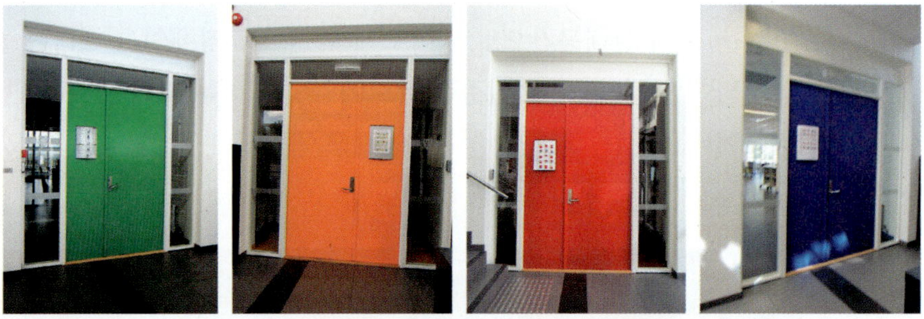

그림 8-25 다른 색을 사용하여 인지하기 용이한 교실 문

- 학교 화장실
  - 장애인용과 비장애인용 화장실의 마감재나 색, 설비의 종류는 동일하게 하되 공간 크기와 설비 종류만을 다르게 하여 차별 없게 한 사례이다(그림 8-26 왼쪽과 중간). 장애인용 화장실에는 화장실 문손잡이를 경사지게 하나 더 설치하여 휠체어 사용자가 사용하기 편리하도록 하였다(그림 8-26 오른쪽).

그림 8-26 설비와 마감재를 동일하게 한 비장애인 및 장애인용 화장실

(3) 호텔 사례

Stord county에서 유니버설 디자인 정책을 실행하면서 기존의 호텔을 개조한 사례이다.

- 평편한 현관 출입구
  - 현관 출입구 부분을 단차이 없이 평편하게 하였다(그림 8-27). 이는 휠체어 사용자 뿐 아니라 여행가방을 끌고 오는 손님들에게 접근하기 편리하게 해준다.

그림 8-27 호텔 현관 출입구의 평편한 바닥

• 유니버설 디자인 객실

- 이 객실은 휠체어 장애인 혼자서도 머물 수 있도록 한 객실이다(그림 8-28). 객실 바닥은 나무 바닥으로 하여 휠체어의 바퀴가 잘 구를 수 있도록 하였으며 침대 주변에 충분한 공간을 확보하여 휠체어 사용자가 이동할 수 있는 공간을 제공해 주었다. 창문턱 높이도 낮게 하여 휠체어 사용자가 밖의 전경을 볼 수 있도록 하였다. 또한 욕실은 휠체어 사용자가 이동할 수 있도록 공간을 확보하고 바닥은 단차이 없이 고르게 하였으며 세면대 아랫부분 비워놓기, 세면대 바로 위부터 설치한 거울, 높이조절 가능한 샤워기 등 접근성을 고려하여 개선하였다.

그림 8-28 유니버설 디자인 객실

• 공동 화장실

- 공용화장실 중에는 장애인용 화장실도 두었다(그림 8-29). 이 화장실은 단차이 없이 평편한 바닥은 물론 휠체어 사용자가 이동가능한 공간을 확보해 주었으며 장애인이 사용하는데 도움이 되는 디자인으로 된 세면대를 설치하고 변기 옆에는 지지대를 설치하였다.

그림 8-29 호텔 내 장애인용 공동화장실

(4) 도로

유니버설 디자인 정책의 일환으로 실행한 상업지역 공공디자인 사례이다. 바닥을 평편하게 하되 지역성이 담긴 패턴을 넣어서 시각적으로 변화를 주었다(그림 8-30).

그림 8-30 상업지역 개선사례

2) Eidskog county의 유니버설 디자인 개선사례

(1) 초등학교

- 평편한 바닥
  - 초등학교 가까이 있는 버스 정류장에서 학교 주요 건물의 출입구까지 바닥은 높이차이 없이 평편하게 되어 있었다. 휠체어 사용 학생 등에게 접근성을 제공해 주기 위한 것이다(그림 8-31).

그림 8-31 초등학교 출입구: 장애물 없이 평편한 바닥

- 휠체어 사용자를 배려한 벤치 배치
  - 초등학교 입구에는 벤치와 테이블이 배치되어 있었는데 그 중에는 휠체어 사용자를 위하여 한쪽 벤치는 비워놓고 맞은 편에만 벤치를 배치한 경우도 있었다(그림 8-32 왼쪽).

- 신체 크기가 다른 사용자를 배려한 놀이기구
  - 학교 건물 옆에 이 지역 고유의 놀이기구가 있었는데 학생들의 신체크기가 다양함을 배려하여 높이를 다르게 하여 자신에게 맞는 기구를 골라서 사용할 수 있도록 하였다(그림 8-32 오른쪽).

그림 8-32 다양한 사용자를 배려한 벤치와 놀이기구

• 소음흡수하는 식탁과 의자

- 학교 식당에 가면 식기 등을 놓는 소리로 시끄럽기 마련이다. 이 학교에서는 식당에 있는 테이블과 의자 중에는 식기나 수저나 포크 등을 놓거나 할 때 나는 소음을 줄이려고 테이블 재료를 특별하게 처리하여 소리가 나지 않게 하였다. 또한 의자도 앉는 부분 뒷부분에 특수한 처리를 하여 소리가 나지 않게 하였다(그림 8-33).

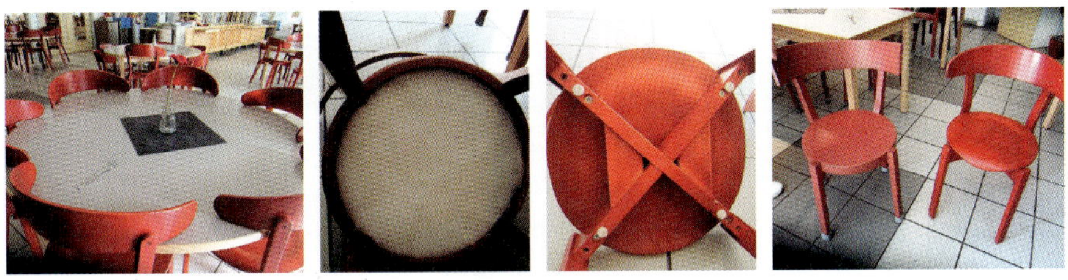

그림 8-33 소리가 흡수되도록 한 테이블과 의자

(2) 고등학교

고등학교도 도로에서 학교건물 출입구까지 바닥을 단차이 없이 평편하게 하여 휠체어 사용자 등의 접근성을 확보하였으며 단색의 바닥재와 보색에 가까운 색으로 된 질감이 다른 바닥재를 사용하여 시각장애인 유도선을 만들었다(그림 8-34 왼쪽과 중간).

또한 경사로로 구성된 실외 모임공간을 만들어 휠체어 사용자도 함께 할 수 있는 공간을 제공하였다(그림 8-34 오른쪽).

그림 8-34 고등학교 출입구와 경사로로 구성된 공동공간

(3) 도서관

도서관 입구의 바닥재 색상을 단색으로 처리하고 이와 명도 차이가 큰 색으로 유도선을 따라 설치하여 시각장애인에 대한 배려를 하였다. 또한 바닥을 단차이 없이 평편하게 하여 휠체어 사용자 등에게 접근성을 제공하였다(그림 8-35 왼쪽과 중간). 실내공간에서도 바닥의 단색 바탕색과 명도 차이가 큰 색을 사용하여 각 공간의 입구로 유도하는 선이 되도록 하였다(그림 8-35 오른쪽).

건물 입구의 평편한 바닥과 바닥색과 명도 차이가 큰 색으로 된 유도선 표시

바닥색과 명도차이가 큰 색으로 된 각 공간의 유도선

그림 8-35 접근성을 배려한 도서관 출입구와 실내공간

다양한 사용자를 배려하여 안내공간의 카운터 높이를 다르게 하여 사용자의 신체조건에 따라 위치를 선택할 수 있게 하였다(그림 8-36 왼쪽). 장애인용 화장실을 비장애인용 화장실과 동일한 마감재와 설비 및 색을 사용하여 동등성을 제공하였다(그림 8-36 중간). 휴게실 의자와 테이블은 휠체어 사용자도 함께 앉을 있는 자리가 마련되어 있는 형태로 하였다(그림 8-36 오른쪽).

안내공간

장애인용 화장실

휴게용 테이블과 의자

그림 8-36 다양한 사용자를 배려한 안내공간과 장애인용 화장실 및 휴게실

도서관 이용자는 다양하므로 다목적 화장실을 갖추어 놓았으며 화장실 문에 손잡이하나를 더 추가하여 경사지게 부착하여 휠체어 사용자의 사용편리성을 높였다(그림 8-37).

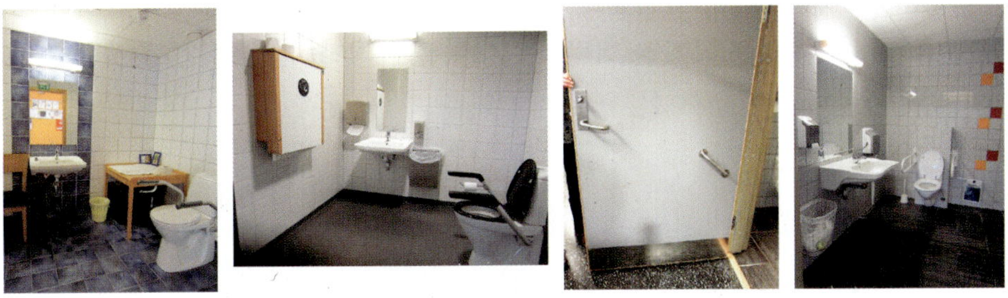

그림 8-37 다양한 사용자를 배려하여 만든 도서관 화장실

(4) 도로

도로와 관련해서는 시각장애인용 유도선을 바닥재의 재료와 색상을 이용하여 제공하였다. 즉 유도선 부분은 검정색과 흰색의 작은 석재를 세 줄로 설치함으로써 시각적으로 잘 보이고 촉각적으로도 구분이 되도록 만들었다(그림 8-38).

그림 8-38 재료와 색을 이용하여 설치한 시각장애인용 유도장치

(5) 기타

학교의 복도에 노출되게 세워져 있는 기둥 모서리를 둥글게 처리하여 안전성을 제공해 주었다(그림 8-39 왼쪽). 또한 실외 놀이공간에는 계단과 경사를 혼합사용하여 모두가 함께 이용할 수 있게 하였다(그림 8-39 중간). 휠체어 사용자가 함께 할 수 있는 공간을 비워놓은 테이블과 의자(그림 8-39 오른쪽)를 실외공간에 제공해 주어 함께 할 수 있는 기회를 제공해 주었다.

둥글게 처리한 기둥 | 휠체어 사용자 자리 제공 | 계단과 경사로 혼용 놀이공간

그림 8-39 둥글게 처리한 학교건물 기둥과 경사로와 계단을 혼용한 놀이공간

다음은 행사장에 전시한 유니버설 디자인 욕실 개발제품이다(그림 8-40). 적용된 지침은 유사하지만 회사마다 다른 형태로 개발되고 있음을 볼 수 있다.

그림 8-40 행사장에 설치된 유니버설 디자인 욕실사례

03 독일의 유니버설 디자인

독일의 국회의사당은 건물 내부의 가장자리를 따라 경사로를 따라 걸어 올라가도록 되어 있어 누구나가 함께 접근가능하도록 설계된 건물이다(그림 8-41).

그림 8-41 독일 국회의사당

1) 독일 HEWI사의 욕실 설비

독일의 HEWI사[1]는 하드웨어와 욕실 설비들을 생산하는 회사로 높은 기능성과 양질 및 세대간 유용성이 제품의 특성이다. 따라서 편안함과 편리성 및 접근성이 특성이 된다. 본 장에서는 HEWI사의 홈페이지 내용을 토대로 소개한다.

HEWI사는 Heinrich Wilke GmbH의 약자로 1929년 최초의 나일론 레버핸들과 같이 폴리아미드로부터 유용한 제품들을 만들었으며 따라서 독일에서 최초의 플라스틱 처리회사 중 하나이다. 1968년에는 폴리아미드 레버핸들111을 개발하는 등 유니버설 디자인 제품을 생산하였다(그림 8-42).

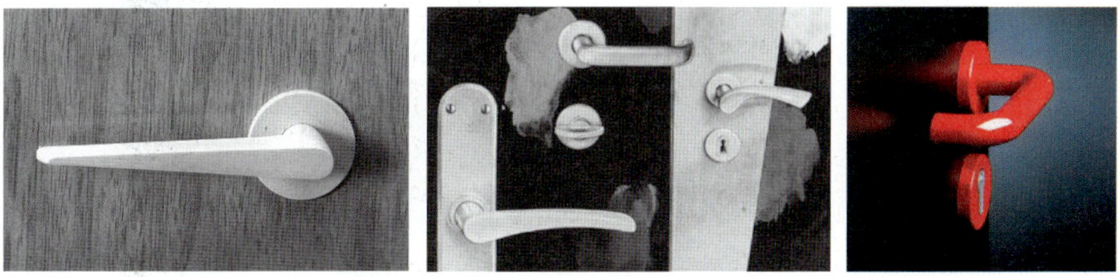

그림 8-42 HEWI사에서 개발한 레버핸들

1) www.hewi.com

1979년에는 노인 및 신체 장애인을 위한 제품을 개발하게 된다. 건축가 및 사용자들과 협동하여 일하면서 HEWI는 더욱 기능적이며 디자인 지향적인 제품을 개발하고 접근성 분야에서 화제와 시장 리더쉽을 얻게 된다. 미적으로 뛰어날 뿐 아니라 기능적으로 무제한인 제품을 만들게 된다. HEWI에게 유니버설 디자인은 신체적 또는 정신적 능력에 상관없이 모두가 직감적으로 사용할 수 있는 제품을 개발하는 것을 의미한다.

(1) HEWI사의 유니버설 디자인 욕실 개발사례

HEWI사에서 개발한 노인과 신체장애인을 포함한 누구나가 편리하게 사용할 수 있는 욕실 사례들은 다음과 같다(그림 8-43).

그림 8-43 HEWI사의 욕실제품들

(2) 치매환자를 배려한 욕실 개발사례

• 색

- 치매환자들의 방향성 인지에 도움이 되도록 개발한 욕실사례이다(그림 8-44). 설비마다 색을 사용하여 인지하기 쉽도록 하였다. 빨간색은 치매환자들이 가장 쉽게 지각하는 색이고 연령관련 시력저하가 있는 사람에게 가장 쉽게 기록되는 색이므로 사용하였다.

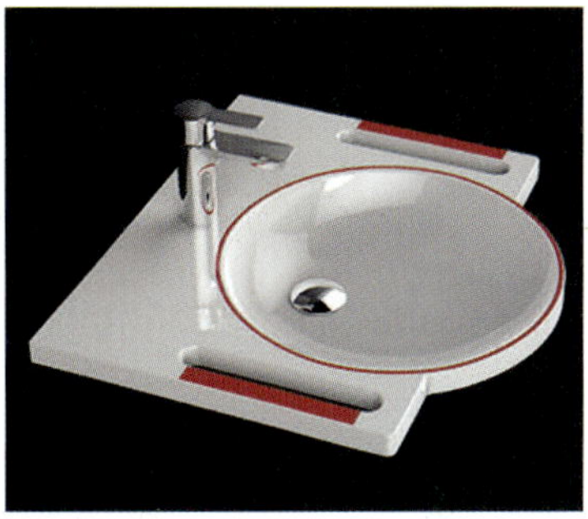

그림 8-44 치매환자를 배려한 욕실사례(HEWI)

• 공간배치

- 치매환자를 위한 욕실평면 사례이다(그림 8-45). 세면대와 거울을 욕실에 들어갈 때의 시선 범위 내에 위치시켰다. 이것은 심각한 치매환자에게는 문제가 되는데 그들은 거울 속 자신을 더 이상 인지할 수 없고 따라서 욕실은 이미 사용 중이라고 결론 내리게 되기 때문이다. 이 경우 문을 열었을 때 WC가 바로 보이도록 배치를 바꾸는 것이 도움이 된다.

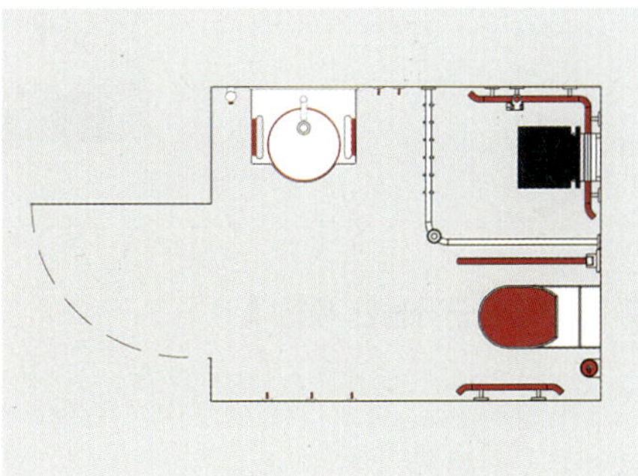

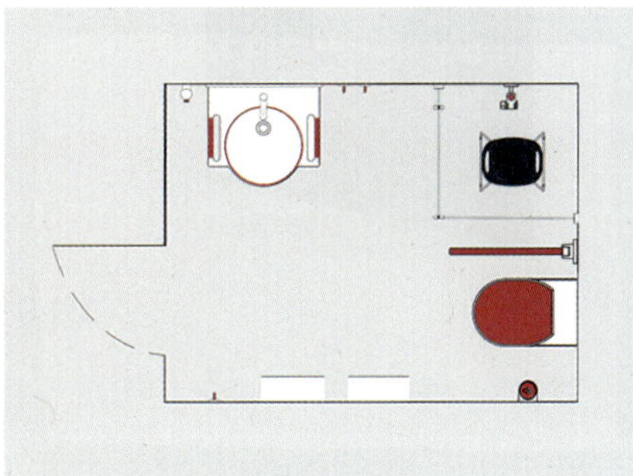

그림 8-45 치매환자를 배려하여 HEWI사에서 개발한 욕실평면

(3) 세면대의 종류

HEWI사에서 접근성을 배려하여 개발한 세면대 종류들이다(그림 8-46). 다양한 용도로 사용할 수 있는 긴 구멍을 좌우에 위치시키되 좌우 중간에 위치시키거나 전면 쪽으로 위치시켜 다양한 형태를 만들었다.

그림 8-46 접근성을 배려하여 개발한 다양한 형태의 세면대

휠체어가 접근가능하도록 개발한 사례이다(그림 8-47). 세면대 옆에 지지대를 설치하여 세면대 사용을 편리하게 하였다. 세면대까지 내려 설치한 거울은 휠체어 사용자가 앉아서도 볼 수 있게 한 것이다. 깊이가 얕은 세면대에 잡을 수 있는 구멍을 일체화시켜 사용자가 안전하게 잡고 사용할 수 있게 하였다. 이 구멍은 수건걸이로도 사용할 수 있다.

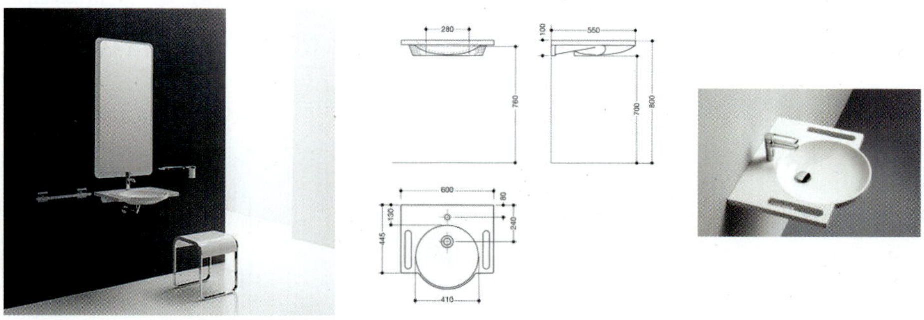

그림 8-47 휠체어 접근가능한 세면대

보행보조기(walking aid, rolling walker), 휠체어(wheelchair), 스툴(stool) 등의 보조도구 사용자 누구라도 접근가능한 높이조절 가능한 세면대이다(그림 8-48).

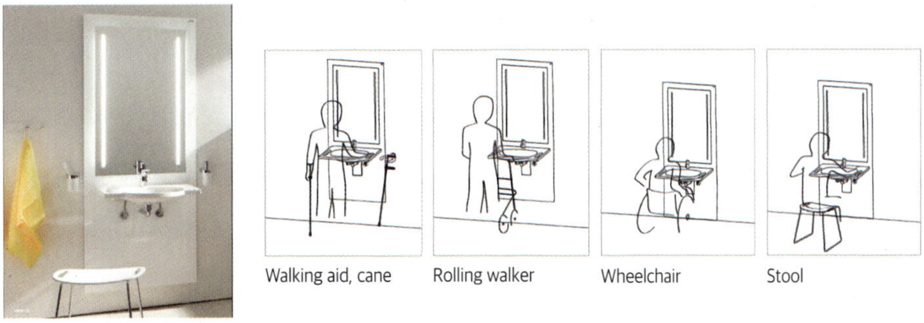

그림 8-48 휠체어 사용자의 세면대 사용행동

독일의 굿디자인 제품 전시장에 전시된 HEWI사의 세면대 등 욕실설비들이다(그림 8-49).

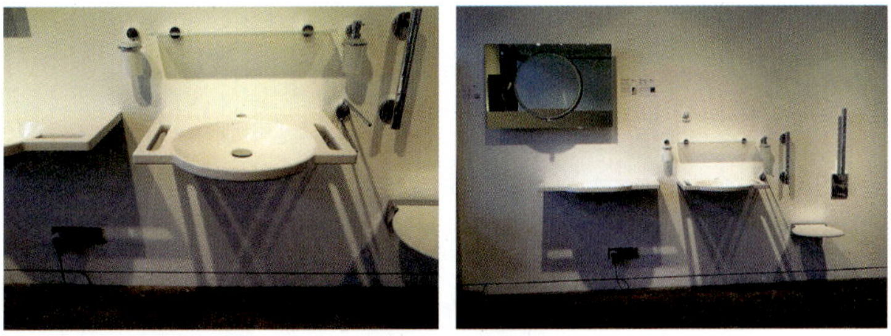

그림 8-49 굿디자인 제품으로 전시된 HEWI 욕실설비

(4) 과체중인 사람을 배려한 욕실설비 사례

HEWI에서는 노인이나 신체장애인 뿐 아니라 과체중인 사람도 사용가능한 설비들도 개발하고 있었다. 그림은 체중이 300kg인 사람까지 견딜 수 있게 만든 욕실 설비들이다(그림 8-50).

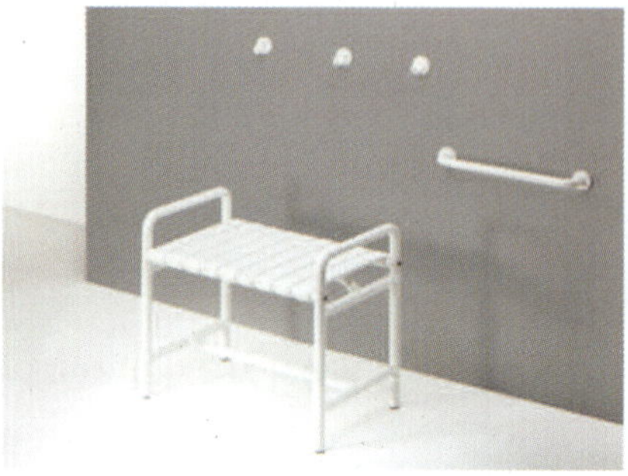

그림 8-50 과체중자 배려 욕실설비

(5) 목욕 의자와 거울

노약자를 위해 개발한 여러 형태의 샤워의자와 높낮이를 사용자의 신체조건에 맞게 조절할 수 있는 샤워기이다(그림 8-51). 접이식 샤워의자는 노약자가 필요시 펴서 앉아 사용할 수 있어 유용하다. 또한 의자의 모양은 욕실공간의 분위기에 맞게 선택할 수 있다.

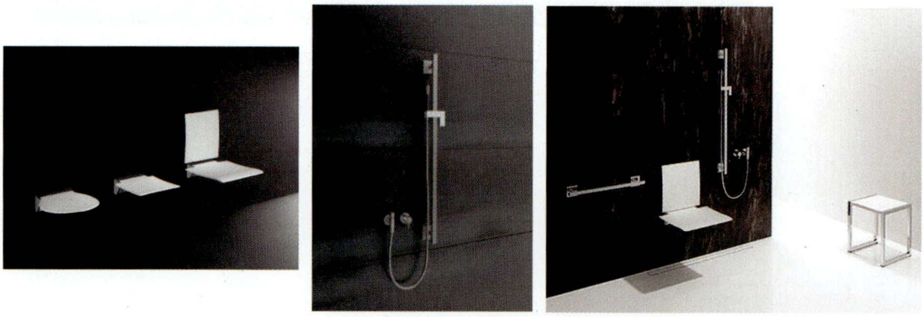

그림 8-51 샤워의자와 높이조절 가능한 샤워기

특히 휠체어 사용자는 눈의 위치가 낮으므로 각도 조절이 가능한 거울이나 또는 세면대 바로 윗부분에 설치하도록 긴 거울을 사용하여야 한다(그림 8-52). 공간의 상황에 따라 선택가능하다.

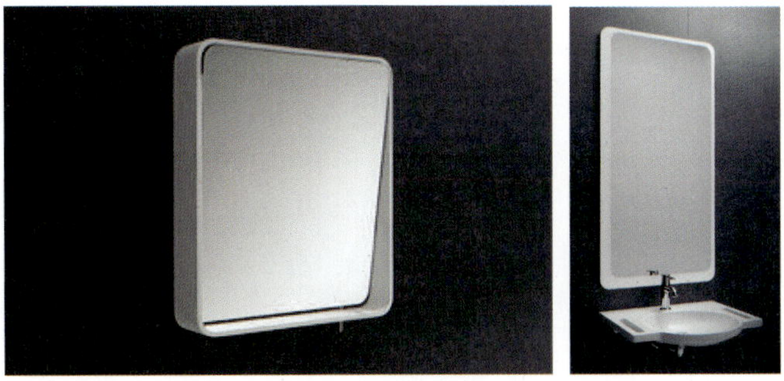

그림 8-52 각도 조절가능한 거울과 긴 거울

(6) 다양한 지지대 형태

HEWI에서 개발한 변기 양옆에 설치되는 지지대의 다양한 형태들이다(그림 8-53). 공간상황에 따라 선택하여 사용할 수 있게 되어 있다.

그림 8-53 변기용 지지대의 종류

(7) 기타

HEWI 전시장에 설치된 유니버설 디자인 욕실 체험관이다(그림 8-54). 세면대 좌우에 설치된 지지대를 체험해 보고 있다.

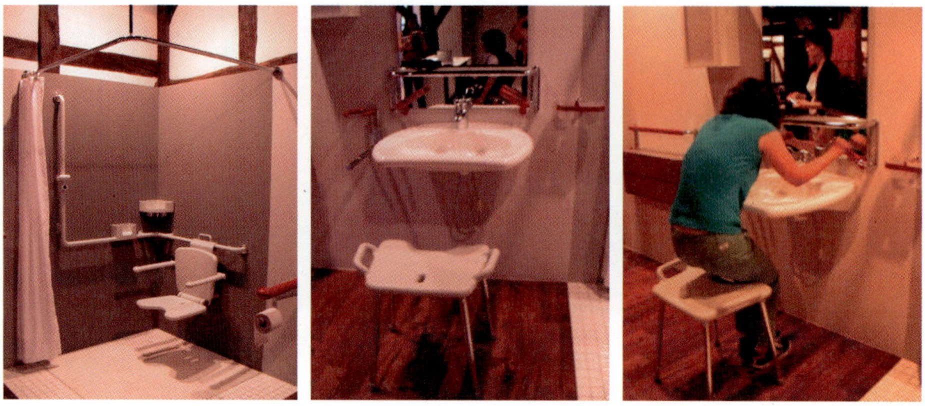

그림 8-54 HEWI사 전시장에 설치된 유니버설 디자인 욕실

2) 가구

독일에서 개최된 가구전시회에 전시되었던 다용도로 사용가능한 가구디자인이다(그림 8-55). 사용자 특성과 상황에 따라 배치를 다르게 하여 사용가능한 융통성있는 가구이다.

그림 8-55 다용도 사용가능한 가구

가구를 배치할 공간구조에 맞게 융통성있게 사용할 수 있게 제작된 테이블과 의자이다(그림 8-56). 사용자의 유형에 따라서도 의자배치 등을 자유롭게 정할 수 있다.

그림 8-56 공간상황에 맞추어 다양한 형태로 배치가 가능한 테이블과 의자

3) 도로

경사로 설치로 단차이를 없애주면 많은 사람들의 출입을 용이하거나 가능하게 해준다(그림 8-57 왼쪽). 사람들이 다니는 모든 실내외 통로는 단차이가 없이 평편하게 계획되고 마감되어야 한다. 이 때 통로의 사용자별 구분은 주변과 잘 조화되는 재료의 종류나 색을 이용하는 것이 가장 적절한 방법이다(그림 8-57 오른쪽).

그림 8-57 경사로 및 마감재로 구분한 도로

도로의 사용자는 다양하고 그 중 하나는 시각장애인이므로 이들을 위한 배려가 필요하다. 그러나 노란색 점자블록은 시각적으로 부정적인 영향도 있으므로 이를 보완하는 다른 방법도 고려할 필요가 있다. 주변환경과의 조화 등을 고려하여 동일한 계열의 색을 사용하되 명도의 차이와 질감의 차이를 명확하게 해주는 것도 하나의 대안이 될 수 있다(그림 8-58).

그림 8-58 재료 종류와 색을 이용하여 표시한 시각장애인용 유도장치

4) 공원

공동주거단지 가까이에 조성된 주민용 휴식공원 중 휠체어 사용자도 들어갈 수 있도록 경사로를 물까지 연결하여 설치한 사례이다(그림 8-59). 대부분의 사람들은 휠체어 사용자가 물속에 들어간다는 것은 생각을 하지 못한다. 그러나 이 물공간에는 경사로를 완만하게 설치함으로써 가능하게 하였다.

그림 8-59 주거단지 주변에 위치한 휠체어 사용자도 접근가능한 물공간

도시의 공공공간에 계단과 경사로를 혼합하여 자전거 타는 사람이나 휠체어 사용자 등 다양한 사람들이 함께 어울리며 교류할 수 있게 만들어 놓았다(그림 8-60).

그림 8-60 계단과 경사로를 혼합하여 만든 도시 내 공공공간

공공 화장실 등에서 세면대를 사용하는 많은 사람들이 수납을 필요로 하는 물건들을 갖고 있다. 따라서 세면대 주변에는 이를 위한 수납공간에 대한 배려가 필요하다. 세면대 하부공간을 휠체어 사용자 등이 사용할 수 있도록 비워두고 세면대 형태를 옆에 수납공간이 있는 것으로 설치하였다(그림 8-61).

그림 8-61 물건 수납 등을 배려한 세면대 형태

04 기타 유럽의 유니버설 디자인 적용 사례

유럽의 많은 국가에서는 친환경 디자인의 일부로 지구환경을 보존하는 것은 물론 우리가 생활하는 공간의 공기를 깨끗하게 유지하고 개개인의 건강을 위하여 자전거 타기를 장려하고 있다. 따라서 도로에 자전거 전용도로를 확보해 주는 것은 물론이고 신호등에 자전거 신호등을 포함시켜 교통질서와 안전성을 유지하고자 하고 있다(그림 8-62).

그림 8-62 자전거 신호등

- 접이식 의자와 핸드레일이 설치된 엘리베이터
  - 노약자나 장애인 등을 배려하여 필요시 앉을 수 있도록 접이식 의자와 핸드레일을 설치한 엘리베이터이다. 층을 표시하는 숫자도 크게 하여 알아보기 쉽도록 하였다(그림 8-63).

그림 8-63 엘리베이터 내에 설치된 접이식 의자

오스트리아에 있는 대학교 도서관 실내모습이다. 계단에는 좌우 양쪽에 핸드레일을 안쪽으로 경사지게 설치하여 접근용이하게 하였으며 시각적으로도 하나의 요소가 되도록 하였다(그림 8-64 왼쪽). 또한 중앙 홀 바닥에도 시각장애인용 유도장치를 마치 하나의 미적인 요소처럼 보이도록 부착하였다(그림 8-64 오른쪽). 특수한 기능을 가진 특수한 디자인이 아니라 미적 측면까지를 고려한 유니버설 디자인 사례이다.

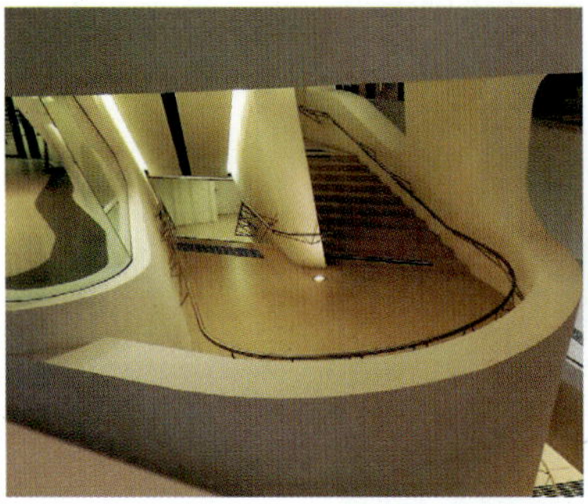

대학교 도서관 계단 좌우 양벽에 설치된 핸드레일

대학교 도서관 1층 홀 바닥에 설치된 시각장애인을 위한 유도장치

그림 8-64 미적 요소로서의 계단 핸드레일과 홀의 시각장애인 유도장치

부록

참고문헌

부록 1.

장애의 종류 및 기준

「장애인복지법 시행령」제2조 에서는 장애의 종류 및 기준을 다음과 같이 규정하고 있다.

1. 지체장애인(肢體障碍人)

1) 한 팔, 한 다리 또는 몸통의 기능에 영속적인 장애가 있는 사람
2) 한 손의 엄지손가락을 지골(指骨: 손가락 뼈) 관절 이상의 부위에서 잃은 사람 또는 한 손의 둘째 손가락을 포함한 두 개 이상의 손가락을 모두 제1지골 관절 이상의 부위에서 잃은 사람
3) 한 다리를 리스프랑(Lisfranc : 발등뼈와 발목을 이어주는) 관절 이상의 부위에서 잃은 사람
4) 두 발의 발가락을 모두 잃은 사람

5) 한 손의 엄지손가락 기능을 잃은 사람 또는 한 손의 둘째 손가락을 포함한 손가락 두 개 이상의 기능을 잃은 사람
6) 왜소증으로 키가 심하게 작거나 척추에 현저한 변형 또는 기형이 있는 사람
7) 지체(肢體)에 위 각 목의 어느 하나에 해당하는 장애정도 이상의 장애가 있다고 인정되는 사람

2. 뇌병변장애인(腦病變障碍人)

뇌성마비, 외상성 뇌손상, 뇌졸중(腦卒中) 등 뇌의 기질적 병변으로 인하여 발생한 신체적 장애로 보행이나 일상생활의 동작 등에 상당한 제약을 받는 사람

3. 시각장애인(視覺障碍人)

1) 나쁜 눈의 시력(만국식 시력표에 따라 측정된 교정시력. 이하 같음)이 0.02 이하인 사람
2) 좋은 눈의 시력이 0.2 이하인 사람
3) 두 눈의 시야가 각각 주시점에서 10도 이하로 남은 사람
4) 두 눈의 시야 1/2 이상을 잃은 사람

4. 청각장애인(聽覺障碍人)

1) 두 귀의 청력 손실이 각각 60데시벨(dB) 이상인 사람
2) 한 귀의 청력 손실이 80데시벨 이상, 다른 귀의 청력 손실이 40데시벨 이상인 사람
3) 두 귀에 들리는 보통 말소리의 명료도가 50% 이하인 사람
4) 평형 기능에 상당한 장애가 있는 사람

5. 언어장애인(言語障碍人)

음성 기능이나 언어 기능에 영속적으로 상당한 장애가 있는 사람

6. 지적장애인(知的障碍人)

정신 발육이 항구적으로 지체되어 지적 능력의 발달이 불충분하거나 불완전하고 자신의 일을 처리하는 것과 사회생활에 적응하는 것이 상당히 곤란한 사람

7. 자폐성장애인(自閉性障碍人)

소아기 자폐증, 비전형적 자폐증에 따른 언어·신체표현·자기조절·사회적응 기능 및 능력의 장애로 인하여 일상생활이나 사회생활에 상당한 제약을 받아 다른 사람의 도움이 필요한 사람

8. 정신장애인(精神障碍人)

지속적인 정신분열병, 분열형 정동장애(情動障碍 : 여러 현실 상황에서 부적절한 정서 반응을 보이는 장애), 양극성 정동장애 및 반복성 우울장애에 따른 감정조절·행동·사고 기능 및 능력의 장애로 인하여 일상생활이나 사회생활에 상당한 제약을 받아 다른 사람의 도움이 필요한 사람

9. 신장장애인(腎臟障碍人)

신장의 기능부전(機能不全)으로 인하여 혈액투석이나 복막투석을 지속적으로 받아야 하거나 신장기능의 영속적인 장애로 인하여 일상생활에 상당한 제약을 받는 사람

10. 심장장애인(心臟障碍人)

심장의 기능부전으로 인한 호흡곤란 등의 장애로 일상생활에 상당한 제약을 받는 사람

11. 호흡기장애인(呼吸器障碍人)

폐나 기관지 등 호흡기관의 만성적 기능부전으로 인한 호흡기능의 장애로 일상생활에 상당한 제약을 받는 사람

12. 간장애인(肝障碍人)

간의 만성적 기능부전과 그에 따른 합병증 등으로 인한 간기능의 장애로 일상생활에 상당한 제약을 받는 사람

13. 안면장애인(顔面障碍人)

안면 부위의 변형이나 기형으로 사회생활에 상당한 제약을 받는 사람

14. 장루·요루장애인(腸瘻·尿瘻障碍人)

배변기능이나 배뇨기능의 장애로 인하여 장루(腸瘻) 또는 요루(尿瘻)를 시술하여 일상생활에 상당한 제약을 받는 사람

15. 뇌전증장애인(腦電症障碍人)

뇌전증에 의한 뇌신경세포의 장애로 인하여 일상생활이나 사회생활에 상당한 제약을 받아 다른 사람의 도움이 필요한 사람

부록 2.

장애유형별 장애정도판정기준

장애인복지법 제32조(보건복지부 고시 제2023-42호)

장애등급제가 30년 만에 폐지되면서, 2019년 7월부터 기존 1~6급으로 구분하던 장애등급을 '중증 장애인'과 '경증 장애인'으로만 구분한다. 구분 유형은 '장애의 정도가 심한 장애인'(기존 1~3급)과 '장애의 정도가 심하지 않은 장애인'(기존 4~6급)이다.

1. 지체장애 판정기준

(1) 절단장애

① 상지절단장애

장애정도	장애상태
장애의 정도가 심한 장애인	1. 두 팔을 손목관절 이상 부위에서 잃은 사람 2. 두 손의 엄지손가락을 지관절 이상 부위에서 잃고 다른 모든 손가락을 근위지관절 이상 부위에서 잃은 사람 3. 한 팔을 팔꿈치관절 이상 부위에서 잃은 사람 4. 두 손의 엄지손가락을 지관절 이상 부위에서 잃고 둘째손가락을 근위지관절 이상 부위에서 잃은 사람 5. 한 손의 엄지손가락을 지관절 이상 부위에서 잃고 다른 모든 손가락을 근위지관절 이상 부위에서 잃은 사람
장애의 정도가 심하지 않은 장애인	1. 두 손의 엄지손가락을 지관절 이상 부위에서 잃은 사람 2. 한 손의 엄지손가락을 지관절 이상 부위에서 잃고 둘째손가락을 근위지관절 이상 부위에서 잃은 사람 3. 한 손의 엄지손가락을 지관절 이상 부위에서 잃고 2개의 손가락을 근위지관절 이상 부위에서 잃은 사람 4. 한 손의 엄지손가락을 지관절 이상 부위에서 잃고 1개의 손가락을 근위지관절 이상 부위에서 잃은 사람 5. 한 손의 엄지손가락을 중수지관절 이상 부위에서 잃은 사람 6. 한 손의 둘째손가락을 포함하여 3개의 손가락을 근위지관절 이상 부위에서 잃은 사람 7. 한 손의 엄지손가락을 지관절 이상 부위에서 잃은 사람 8. 한 손의 둘째손가락을 포함하여 2개의 손가락을 근위지관절 이상 부위에서 잃은 사람 9. 한 손의 셋째, 넷째 그리고 다섯째손가락 모두를 각각 근위지관절 이상 부위에서 잃은 사람

※ 두 손의 수부절단(절단부위가 중수지관절 이상 손목관절 이하 부위)은 두 팔을 손목관절 이상 부위에서 잃은 사람(장애의 정도가 심한 장애인)에 적용한다.

② 하지절단장애

장애정도	장애상태
장애의 정도가 심한 장애인	1. 두 다리를 무릎관절 이상 부위에서 잃은 사람 2. 두 다리를 발목관절 이상 부위에서 잃은 사람 3. 두 다리를 가로발목뼈관절(Chopart's joint) 이상 부위에서 잃은 사람 4. 한 다리를 무릎관절 이상 부위에서 잃은 사람
장애의 정도가 심하지 않은 장애인	1. 두 다리를 발목발허리관절(lisfranc joint) 이상 부위에서 잃은 사람 2. 한 다리를 발목관절 이상 부위에서 잃은 사람 3. 두 발의 엄지발가락을 지관절 이상 부위에서 잃고 다른 모든 발가락을 근위지관절(제1관절) 이상 부위에서 잃은 사람 4. 한 다리를 가로발목뼈관절(Chopart's joint) 이상 부위에서 잃은 사람 5. 한 다리를 발목발허리관절(lisfranc joint) 이상 부위에서 잃은 사람

(2) 관절장애

① 상지관절장애

장애정도	장애상태
장애의 정도가 심한 장애인	1. 두 팔의 모든 3대 관절의 운동범위가 각각 75% 이상 감소된 사람 2. 한 팔의 모든 3대 관절의 운동범위가 각각 75% 이상 감소된 사람 3. 두 팔 각각의 3대 관절 중 2개의 운동범위가 각각 75% 이상 감소된 사람 4. 두 팔의 모든 3대 관절의 운동범위가 각각 50% 이상 75% 미만 감소된 사람 5. 두 손의 모든 손가락의 관절총운동범위가 각각 75% 이상 감소된 사람 6. 두 팔 각각의 3대 관절 중 2개의 운동범위가 각각 50% 이상 75% 미만 감소된 사람 7. 두 팔의 모든 3대 관절의 운동범위가 각각 25% 이상 50% 미만 감소된 사람 8. 두 손의 엄지손가락과 둘째손가락의 관절총운동범위가 각각 75% 이상 감소된 사람 9. 한 손의 모든 손가락의 관절총운동범위가 각각 75% 이상 감소된 사람 10. 한 팔의 3대 관절 중 2개의 운동범위가 각각 75% 이상 감소된 사람 11. 한 팔의 모든 3대 관절의 운동범위가 각각 50% 이상 75% 미만 감소된 사람
장애의 정도가 심하지 않은 장애인	1. 한 팔의 3대 관절 중 한 관절의 운동범위가 75% 이상 감소된 사람 2. 두 손의 엄지손가락의 관절총운동범위가 각각 75% 이상 감소된 사람 3. 한 손의 엄지손가락과 둘째손가락의 관절총운동범위가 각각 75% 이상 감소된 사람 4. 한 손의 엄지손가락 또는 둘째손가락을 포함하여 3개 손가락의 관절총운동범위가 각각 75% 이상 감소된 사람 5. 한 손의 엄지손가락 또는 둘째손가락을 포함하여 4개 손가락의 관절총운동범위가 각각 50% 이상 75% 미만 감소된 사람 6. 한 팔의 3대 관절 중 2개의 운동범위가 각각 50% 이상 75% 미만 감소된 사람 7. 한 팔의 모든 3대 관절의 운동범위가 각각 25% 이상 50% 미만 감소된 사람 8. 두 손의 엄지손가락의 관절총운동범위가 각각 50% 이상 75% 미만 감소된 사람 9. 한 손의 엄지손가락의 관절총운동범위가 75% 이상 감소된 사람 10. 한 손의 엄지손가락과 둘째손가락의 관절총운동범위가 각각 50% 이상 75% 미만 감소된 사람 11. 한 손의 엄지손가락 또는 둘째손가락을 포함하여 3개 손가락의 관절총운동범위가 각각 50% 이상 75% 미만 감소된 사람 12. 한 팔의 3대 관절 중 한 관절의 운동범위가 50% 이상 감소된 사람 13. 한 손의 엄지손가락의 관절총운동범위가 50% 이상 75% 미만 감소된 사람 14. 한 손의 둘째손가락을 포함하여 2개 손가락의 관절총운동범위가 각각 75% 이상 감소된 사람 15. 한 손의 셋째손가락, 넷째손가락 그리고 다섯째손가락 모두의 관절총운동범위가 각각 75% 이상 감소된 사람

② 하지관절장애

장애정도	장애상태
장애의 정도가 심한 장애인	1. 두 다리의 모든 3대 관절의 운동범위가 각각 75% 이상 감소된 사람 2. 두 다리 각각의 3대 관절 중 2개의 운동범위가 각각 75% 이상 감소된 사람 3. 두 다리의 모든 3대 관절의 운동범위가 각각 50% 이상 75% 미만 감소된 사람 4. 한 다리의 모든 3대 관절의 운동범위가 각각 75% 이상 감소된 사람
장애의 정도가 심하지 않은 장애인	1. 두 다리 각각의 3대 관절 중 2개의 운동범위가 각각 50% 이상 75% 미만 감소된 사람 2. 두 다리의 모든 3대 관절의 운동범위가 각각 25% 이상 50% 미만 감소된 사람 3. 한 다리의 엉덩관절 또는 무릎관절이 완전강직 되었거나 운동범위가 90% 이상 감소된 사람 4. 한 다리의 3대 관절 중 2개의 운동범위가 각각 75% 이상 감소된 사람 5. 한 다리의 모든 3대 관절의 운동범위가 각각 50% 이상 75% 미만 감소된 사람 6. 한 다리의 엉덩관절 또는 무릎관절의 운동범위가 75% 이상 감소된 사람 7. 한 다리의 발목관절이 완전강직 되었거나 운동범위가 90% 이상 감소된 사람 8. 한 다리의 3대 관절 중 2개의 운동범위가 각각 50% 이상 75% 미만 감소된 사람 9. 한 다리의 모든 3대 관절의 운동범위가 각각 25% 이상 50% 미만 감소된 사람 10. 두 발의 모든 발가락의 관절총운동범위가 각각 75% 이상 감소된 사람 11. 한 다리의 엉덩관절 또는 무릎관절의 운동범위가 50% 이상 감소된 사람 12. 한 다리의 발목관절의 운동범위가 75% 이상 감소된 사람

(3) 지체기능장애

① 상지기능장애

장애정도	장애상태
장애의 정도가 심한 장애인	1. 두 팔을 완전마비로 전혀 움직일 수 없는 사람(근력등급 0, 1) 2. 한 팔을 완전마비로 전혀 움직일 수 없는 사람(근력등급 0, 1) 3. 두 팔을 마비로 겨우 움직일 수 있는 사람(근력등급 2) 4. 두 손의 모든 손가락을 완전마비로 전혀 움직이지 못하는 사람(근력등급 0, 1) 5. 두 팔을 마비로 기능적이지는 않지만 어느 정도 움직일 수 있는 사람(근력등급 3) 6. 두 손의 엄지손가락과 둘째손가락을 각각 완전마비로 전혀 움직일 수 없는 사람(근력등급 0, 1) 7. 한 손의 모든 손가락을 완전마비로 각각 전혀 움직일 수 없는 사람(근력등급 0, 1) 8. 한 팔을 마비로 겨우 움직일 수 있는 사람(근력등급 2)

장애정도	장애상태
장애의 정도가 심하지 않은 장애인	1. 두 손의 엄지손가락을 완전마비로 각각 전혀 움직이지 못하는 사람(근력등급 0, 1) 2. 한 손의 엄지손가락과 둘째손가락을 완전마비로 각각 전혀 움직일 수 없는 사람(근력등급 0, 1) 3. 한 손의 엄지손가락 또는 둘째손가락을 포함하여 3개의 손가락을 완전마비로 각각 전혀 움직일 수 없는 사람(근력등급 0, 1) 4. 한 손의 엄지손가락이나 둘째손가락을 포함하여 4개의 손가락을 마비로 각각 기능적이지는 않지만 어느 정도 움직일 수 있는 사람(근력등급 3) 5. 한 팔을 마비로 기능적이지는 않지만 어느 정도 움직일 수 있는 사람(근력등급 3) 6. 두 손의 엄지손가락을 마비로 각각 기능적이지는 않지만 어느 정도 움직일 수 있는 사람(근력등급 3) 7. 한 손의 엄지손가락을 완전마비로 전혀 움직일 수 없는 사람 (근력등급 0, 1) 8. 한 손의 엄지손가락과 둘째손가락을 마비로 각각 기능적이지는 않지만 어느 정도 움직일 수 있는 사람(근력등급 3) 9. 한 손의 엄지손가락 또는 둘째손가락을 포함하여 3개의 손가락을 마비로 각각 기능적이지는 않지만 어느 정도 움직일 수 있는 사람(근력등급 3) 10. 한 손의 엄지손가락을 마비로 기능적이지는 않지만 어느 정도 움직일 수 있는 사람(근력등급 3) 11. 한 손의 둘째손가락을 포함하여 2개 손가락을 완전마비로 각각 전혀 움직이지 못하는 사람(근력등급 0, 1) 12. 한 손의 셋째손가락, 넷째손가락 그리고 다섯째손가락 모두를 완전마비로 각각 전혀 움직이지 못하는 사람(근력등급 0, 1)

② 하지관절장애

장애정도	장애상태
장애의 정도가 심한 장애인	1. 두 다리를 완전마비로 각각 전혀 움직일 수 없는 사람(근력등급 0, 1) 2. 두 다리를 마비로 각각 겨우 움직일 수 있는 사람(근력등급 2) 3. 한 다리를 완전마비로 전혀 움직일 수 없는 사람(근력등급 0, 1) 4. 두 다리를 마비로 각각 조금 움직일 수 있는 사람(근력등급 2, 3)
장애의 정도가 심하지 않은 장애인	1. 두 다리를 마비로 기능적이지는 않지만 어느 정도 움직일 수 있는 사람(근력등급 3) 2. 한 다리를 마비로 겨우 움직일 수 있는 사람(근력등급 2) 3. 한 다리를 마비로 기능적이지는 않지만 어느 정도 움직일 수 있는 사람(근력등급 3) 4. 두 발의 모든 발가락을 완전마비로 각각 전혀 움직일 수 없는 사람(근력등급 0, 1) 5. 한 발목의 마비로 굴곡 및 신전 기능이 모두 소실된 사람(근력등급 0, 1) 6. 한 발목의 마비로 굴곡 또는 신전 기능이 모두 소실된 사람(근력등급 0, 1)

(4) 척추장애

장애정도	장애상태
장애의 정도가 심한 장애인	1. 목뼈와 등·허리뼈의 운동범위가 정상의 4/5 이상 감소된 사람 2. 강직성 척추질환으로 목뼈와 등뼈 및 허리뼈가 완전강직된 사람 3. 목뼈 또는 등·허리뼈의 운동범위가 정상의 4/5 이상 감소된 사람 4. 강직성 척추질환으로 목뼈 2번 이하와 등뼈 및 허리뼈가 완전강직된 사람
장애의 정도가 심하지 않은 장애인	1. 목뼈 또는 등·허리뼈의 운동범위가 정상의 3/5 이상 감소된 사람 2. 목뼈 또는 등·허리뼈의 운동범위가 정상의 2/5 이상 감소된 사람 3.강직성 척추질환으로 목뼈와 등뼈 또는 등뼈와 허리뼈가 완전강직된 사람 4. 목뼈 또는 등·허리뼈의 운동범위가 정상의 1/5 이상 감소된 사람 5. 강직성 척추질환으로 목뼈 또는 허리뼈가 완전강직된 사람

(5) 변형 등의 장애

장애정도	장애상태
장애의 정도가 심하지 않은 장애인	1. 한 다리가 건강한 다리보다 10㎝ 이상 또는 건강한 다리의 길이의 10분의 1 이상 짧은 사람 2. 한 다리가 건강한 다리보다 5㎝ 이상 또는 건강한 다리의 길이의 15분의 1 이상 짧은 사람 3. 척추옆굽음증(척추측만증)이 있으며, 굽은 각도가 40도 이상인 사람 4. 척추뒤굽음증(척추후만증)이 있으며, 굽은 각도가 60도 이상인 사람 5. 성장이 멈춘 만 18세 이상의 남성으로서 신장이 145㎝ 이하인 사람 6. 성장이 멈춘 만 16세 이상의 여성으로서 신장이 140㎝ 이하인 사람 7. 연골무형성증으로 왜소증에 대한 증상이 뚜렷한 사람. 다만 이 경우는 만 2세 이상에서 적용 가능

2. 뇌병변장애 판정기준

장애정도	장애상태
장애의 정도가 심한 장애인	1. 보행이 불가능하여 보행에 전적으로 타인의 도움이 필요한 사람 2. 양쪽 팔의 마비로 이를 이용한 일상생활동작을 거의 할 수 없어, 전적으로 타인의 도움이 필요한 사람 3. 한쪽 팔과 한쪽 다리의 마비로 일상생활동작을 거의 할 수 없어, 전적으로 타인의 도움이 필요한 사람 4. 보행과 모든 일상생활동작의 수행에 전적으로 타인의 도움이 필요하며, 수정바델지수가 32점 이하인 사람 5. 한쪽 팔의 마비로 이를 이용한 일상생활동작의 수행이 불가능하여, 전적으로 타인의 도움이 필요한 사람 6. 마비와 관절구축으로 양쪽 팔의 모든 손가락 사용이 불가능하여, 이를 이용한 일상생활동작의 수행에 전적으로 타인의 도움이 필요한 사람 7. 보행과 모든 일상생활동작의 수행에 대부분 타인의 도움이 필요하며, 수정바델지수가 33~53점인 사람 8. 마비와 관절구축으로 한쪽 팔의 모든 손가락 사용이 불가능하여, 이를 이용한 일상생활동작의 수행에 전적으로 타인의 도움이 필요한 사람 9. 한쪽 다리의 마비로 이를 이용한 보행이 불가능하여, 보행에 대부분 타인의 도움이 필요한 사람 10. 보행과 모든 일상생활동작의 독립적 수행이 어려워, 부분적으로 타인의 도움이 필요하며, 수정바델지수가 54~69점인 사람
장애의 정도가 심하지 않은 장애인	1. 보행과 대부분의 일상생활동작 수행에 간헐적으로 타인의 도움이 필요하며, 수정바델지수가 70~80점인 사람 2. 보행과 대부분의 일상생활동작을 타인의 도움 없이 자신이 수행하나 간헐적으로 수행하지 못하는 때가 있으며 수정바델지수가 81~89점인 사람 3. 보행과 대부분의 일상생활동작을 자신이 수행하나 간혹 수행 시간이 느리거나 양상이 비정상적인 때가 있으며 수정바델지수가 90~96점인 사람

3. 시각장애 판정기준

장애정도	장애상태
장애의 정도가 심한 장애인	1. 좋은 눈의 시력이 0.02 이하인 사람 2. 좋은 눈의 시력이 0.04 이하인 사람 3. 좋은 눈의 시력이 0.06 이하인 사람 4. 두 눈의 시야가 각각 모든 방향에서 5도 이하로 남은 사람

장애정도	장애상태
장애의 정도가 심하지 않은 장애인	1. 좋은 눈의 시력이 0.1 이하인 사람 2. 두 눈의 시야가 각각 모든 방향에서 10도 이하로 남은 사람 3. 좋은 눈의 시력이 0.2 이하인 사람 4. 두 눈의 시야가 각각 정상시야의 50% 이상 감소한 사람 5. 나쁜 눈의 시력이 0.02 이하인 사람 6. 두 눈의 중심시야에서 20도 이내에 겹보임(복시)이 있는 사람

4. 청각장애 판정기준

(1) 청력장애

장애정도	장애상태
장애의 정도가 심한 장애인	1. 두 귀의 청력손실이 각각 90데시벨(dB) 이상인 사람 2. 두 귀의 청력손실이 각각 80데시벨(dB) 이상인 사람
장애의 정도가 심하지 않은 장애인	1. 두 귀의 청력손실이 각각 70데시벨(dB) 이상인 사람 2. 두 귀에 들리는 보통 말소리의 최대의 명료도가 50 퍼센트 이하인 사람 3. 두 귀의 청력손실이 각각 60데시벨(dB) 이상인 사람 4. 한 귀의 청력손실이 80데시벨(dB) 이상, 다른 귀의 청력손실이 40데시벨(dB) 이상인 사람

(2) 청력장애

장애정도	장애상태
장애의 정도가 심한 장애인	1. 양측 평형기능의 소실이 있으며 두 눈을 감고 일어서기가 곤란하거나 두 눈을 뜨고 10미터 거리를 직선으로 걷다가 쓰러지고(임상적으로 불가피한 경우 6미터를 걷게 하여 진단할 수 있다) 일상에서 자신을 돌보는 일 외에는 타인의 도움이 필요한 사람
장애의 정도가 심하지 않은 장애인	1. 양측 평형기능의 소실이나 감소가 있으며 두 눈을 뜨고 10미터 거리를 직선으로 걷다가 중간에 균형을 잡으려 멈추어야 하고 (임상적으로 불가피한 경우 6미터를 걷게 하여 진단할 수 있다) 일상에서 자신을 돌보는 일과 간단한 보행이나 활동만 가능한 사람 2. 평형기능의 감소가 있으며 두 눈을 뜨고 10미터 거리를 직선으로 걸을 때 중앙에서 60센티미터 이상 벗어나고 (임상적으로 불가피한 경우 6미터를 걷게 하여 진단할 수 있다) 일상에서 복합적인 신체운동이 필요한 활동이 불가능한 사람

5. 언어장애 판정기준

장애정도	장애상태
장애의 정도가 심한 장애인	1. 발성이 불가능하거나 특수한 방법(식도발성, 인공후두기)으로 간단한 대화가 가능한 음성장애 2. 말의 흐름에 심한 방해를 받는 말더듬(SSI 97%ile 이상, P-FA 91%ile 이상) 3. 자음정확도가 30% 미만인 조음장애 4. 의미 있는 말을 거의 못하는 표현언어지수가 25미만인 경우로서 지적장애 또는 자폐성장애로 판정되지 아니하는 경우 5. 간단한 말이나 질문도 거의 이해하지 못하는 수용언어지수가 25미만인 경우로서 지적장애 또는 자폐성장애로 판정되지 아니하는 경우
장애의 정도가 심하지 않은 장애인	1. 발성(음도, 강도, 음질)이 부분적으로 가능한 음성장애 2. 말의 흐름이 방해받는 말더듬(SSI : 아동 41~96%ile, 성인 24~96%ile, P-FA 41~90%ile) 3. 자음정확도 30-75%인 경우로서 부정확한 말을 사용하는 조음장애 4. 매우 제한된 표현만을 할 수 있는 표현언어지수가 25-65인 경우로서 지적장애 또는 자폐성장애로 판정되지 아니하는 경우 5. 매우 제한된 이해만을 할 수 있는 수용언어지수가 25-65인 경우로서 지적장애 또는 자폐성장애로 판정되지 아니하는 경우

6. 지적장애 판정기준

장애정도	장애상태
장애의 정도가 심한 장애인	1. 지능지수가 35 미만인 사람으로 일상생활과 사회생활의 적응이 현저하게 곤란하여 일생동안 타인의 보호가 필요한 사람 2. 지능지수가 35 이상 50 미만인 사람으로 일상생활의 단순한 행동을 훈련시킬 수 있고, 어느 정도의 감독과 도움을 받으면 복잡하지 아니하고 특수기술을 요하지 아니하는 직업을 가질 수 있는 사람 3. 지능지수가 50 이상 70 이하인 사람으로 교육을 통한 사회적·직업적 재활이 가능한 사람

7. 정신장애 판정기준

장애정도	장애상태
장애의 정도가 심한 장애인	1. 조현병 또는 뇌의 신경학적 손상으로 인한 기질성 정신장애로 망상, 환청, 사고장애, 기괴한 행동 등의 양성증상 또는 사회적 위축과 같은 음성증상이 심하고 현저한 인격변화가 있으며, 기능 및 능력장애로 인하여 능력장애 판정기준의 6항목 중 3항목 이상에서 전적인 도움이 필요한 사람 2. 양극성 정동장애(조울병)로 기분, 의욕, 행동 및 사고장애 증상이 심한 증상기가 지속되거나 자주 반복되며, 기능 및 능력장애로 인하여 능력장애 판정기준의 6항목 중 3항목 이상에서 전적인 도움이 필요한 사람 3. 재발성 우울장애로 정신병적 증상이 동반되고 기분, 의욕, 행동 등에 대한 우울증상이 심한 증상기가 지속되거나 자주 반복되며, 기능 및 능력장애로 인하여 능력장애 판정기준의 6항목중 3항목 이상에서 전적인 도움이 필요한 사람 4. 조현정동장애로 장애의 정도가 심한 장애인 1호 내지 3호에 준하는 증상이 있는 사람 5. 조현병 또는 뇌의 신경학적 손상으로 인한 기질성 정신장애로 망상, 환청, 사고장애, 기괴한 행동 등의 양성증상 및 사회적 위축 등의 음성증상이 있고 중등도의 인격변화가 있으며, 기능 및 능력장애로 인하여 능력장애 판정기준의 6항목 중 3항목 이상에서 많은 도움이 필요한 사람 6. 양극성 정동장애(조울병)로 기분, 의욕, 행동 및 사고장애 증상이 있는 증상기가 지속되거나 자주 반복되며, 기능 및 능력장애로 인하여 능력장애 판정기준의 6항목 중 3항목 이상에서 많은 도움이 필요한 사람 7. 재발성 우울장애로 망상 등 정신병적 증상이 동반되고 기분, 의욕, 행동 등에 대한 우울증상이 있는 증상기가 지속되거나 자주 반복되며, 기능 및 능력장애로 인하여 능력장애 판정기준의 6항목 중 3항목 이상에서 많은 도움이 필요한 사람 8. 조현정동장애로 장애의 정도가 심한 장애인 5호 내지 7호에 준하는 증상이 있는 사람 9. 조현병 또는 뇌의 신경학적 손상으로 인한 기질성 정신장애로 망상, 환청, 사고장애, 기괴한 행동 등의 양성증상이 있으나 인격변화나 퇴행은 심하지는 아니한 경우로서, 기능 및 능력장애로 인하여 능력장애 판정기준의 6항목 중 3항목 이상에서 간헐적으로 도움이 필요한 사람 10. 양극성 정동장애(조울병)로 기분, 의욕, 행동 및 사고장애 등의 증상기가 지속되거나 자주 반복되는 경우로서, 기능 및 능력장애로 인하여 능력장애 판정기준의 6항목 중 3항목 이상에서 간헐적으로 도움이 필요한 사람 11. 재발성 우울장애로 기분, 의욕, 행동 등에 대한 우울증상이 있는 증상기가 지속되거나 자주 반복되는 경우로서, 기능 및 능력장애로 인하여 능력장애 판정기준의 6항목 중 3항목 이상에서 간헐적으로 도움이 필요한 사람 12. 조현정동장애로 장애의 정도가 심한 장애인 9호 내지 11호에 준하는 증상이 있는 사람

장애정도	장애상태
장애의 정도가 심하지 않은 장애인	1. 조현병 또는 뇌의 신경학적 손상으로 인한 기질성 정신장애로 망상, 환청, 사고장애, 기괴한 행동 등의 양성증상 또는 사회적 위축 등의 음성증상이 지속되어 기능 및 능력장애로 인하여 능력장애 측정기준 6항목 중 3항목 이상에서 경미한 도움이 필요한 사람 2. 양극성 정동장애(조울증)에 따른 기분·의욕·행동 및 사고의 장애 등의 증상기가 심하지는 않으나 지속되거나 자주 반복되어 기능 및 능력장애로 인하여 능력장애 측정기준 6항목 중 3항목 이상에서 경미한 도움이 필요한 사람 3. 재발성 우울장애로 기분·의욕·행동 등에 대한 우울 증상기가 심하지는 않으나 지속되거나 자주 반복되는 경우로서 기능 및 능력장애로 인하여 능력장애 측정기준 항목 중 3항목 이상에서 경미한 도움이 필요한 사람 4. 조현정동장애로 장애의 정도가 심하지 않은 장애인의 1호 내지 3호에 준하는 증상이 있는 사람 5. 지속적인 치료에도 호전되지 않는 강박장애, 투렛장애(Tourette's disorder) 및 기면증에 따른 기분·의욕·행동 및 사고장애의 증상이 심하여, 일상생활이나 사회생활에 상당한 제한이 있는 경우로서 기능 및 능력장애로 인하여 능력장애 측정기준 6항목 중 3항목 이상에서 수시로 도움이 필요한 사람

8. 자폐성장애 판정기준

장애정도	장애상태
장애의 정도가 심한 장애인	1. ICD-10의 진단기준에 의한 전반성발달장애(자폐증)로 정상발달의 단계가 나타나지 아니하고 지능지수가 70 이하이며, 기능 및 능력장애로 인하여 GAS척도 점수가 20 이하인 사람 2. ICD-10의 진단기준에 의한 전반성발달장애(자폐증)로 정상발달의 단계가 나타나지 아니하고 지능지수가 70 이하이며, 기능 및 능력장애로 인하여 GAS척도 점수가 21~40인 사람 3. 1호 내지 2호와 동일한 특징을 가지고 있으나 지능지수가 71 이상이며, 기능 및 능력장애로 인하여 GAS척도 점수가 41~50인 사람

9. 신장장애 판정기준

장애정도	장애상태
장애의 정도가 심한 장애인	1. 만성신부전증으로 인하여 3개월 이상의 기간 동안 지속적으로 혈액투석 또는 복막투석을 받고 있는 사람
장애의 정도가 심하지 않은 장애인	1. 신장을 이식받은 사람

10. 심장장애 판정기준

장애정도	장애상태
장애의 정도가 심한 장애인	1. 심장기능의 장애가 지속되며, 안정 시에도 심부전 증상 또는 협심증 증상 등이 일어나서 라-(3)항의 (가)~(사)항의 임상소견과 검사결과 등에 의한 점수가 30점 이상인 사람 (심장질환을 진단받은 지 1년 이상 경과한 사람에 한한다. 이하 같다.) 2. 심장기능의 장애가 지속되며, 신체주위의 일은 어느 정도 할 수 있지만 그 이상의 활동으로는 심부전 증상 또는 협심증 증상 등이 일어나서 라-(3)항의 (가)~(사)항의 임상소견과 검사결과 등에 의한 점수가 25~29점에 해당하는 사람 3. 심장기능의 장애가 지속되며, 가정 내에서의 가벼운 활동은 상관없지만 그 이상의 활동에는 심부전 증상 또는 협심증 증상 등이 일어나서 라-(3)항의 (가)~(사)항의 임상소견과 검사결과 등에 의한 점수가 20~24점에 해당하는 사람
장애의 정도가 심하지 않은 장애인	1. 심장을 이식받은 사람

부록

11. 호흡기장애 판정기준

장애정도	장애상태
장애의 정도가 심한 장애인	1. 만성호흡기 질환으로 인하여 기관절개관을 유지하고 24시간 인공호흡기로 생활하는 사람 2. 폐나 기관지 등 호흡기관의 만성적인 기능부전으로 안정시에도 산소요법을 받아야 할 정도의 호흡곤란이 있고, 평상시의 폐환기 기능(1초시 강제날숨량) 또는 폐확산능이 정상예측치의 25% 이하이거나, 산소를 흡입하지 않으면서 평상시 대기중에서 안정시에 동맥혈 산소분압이 55mmHg 이하인 사람 3. 폐나 기관지 등 호흡기관의 만성적인 기능부전으로 집안에서의 이동시에도 호흡곤란이 있고, 평상시의 폐환기 기능(1초시 강제날숨량) 또는 폐확산능이 정상예측치의 30% 이하이거나, 산소를 흡입하지 않으면서 평상시 대기중에서 안정시에 동맥혈 산소분압이 60mmHg 이하인 사람 4. 폐나 기관지 등 호흡기관의 만성적인 기능부전으로 평지에서의 보행시에도 호흡곤란이 있고, 평상시의 폐환기 기능(1초시 강제날숨량) 또는 폐확산능이 정상예측치의 40% 이하이거나, 산소를 흡입하지 않으면서 평상시 대기중에서 안정시에 동맥혈 산소분압이 65mmHg 이하인 사람
장애의 정도가 심하지 않은 장애인	1. 폐를 이식받은 사람 2. 늑막루가 있는 사람

12. 간장애 판정기준

장애정도	장애상태
장애의 정도가 심한 장애인	1. 만성 간질환(간경변증, 간세포암종 등)으로 진단받은 환자중 잔여 간 기능이 만성 간질환 평가척도(Child- Pugh score) 상 등급 C이면서 최근 6개월 동안 다음의 합병증 중 하나 이상을 보이는 사람 1) 간성뇌증 2회 이상, 2) 내과적 치료로 조절되지 않는 난치성 복수, 3) 간신증후군, 4) 정맥류 출혈 2회 이상 2. 만성 간질환(간경변증, 간세포암종 등)으로 진단받은 환자 중 잔여 간 기능이 만성 간질환 평가척도(Child- Pugh score) 상 등급 C이면서 다음의 병력(2년 이내의 과거병력) 중 하나 이상을 보이는 사람 1) 간성뇌증의 병력, 2) 자발성 세균성 복막염의 병력, 3) 간신증후군의 병력, 4) 정맥류 출혈(2회 이상 발생)의 병력 3. 만성 간질환(간경변증, 간세포암종 등)으로 진단받은 환자 중 잔여 간 기능이 만성 간질환 평가척도(Child- Pugh score) 상 등급 C인 사람

장애정도	장애상태
장애의 정도가 심한 장애인	4. 만성 간질환(간경변증, 간세포암종 등)으로 진단받은 환자 중 잔여 간 기능이 만성 간질환 평가척도(Child- Pugh score) 상 등급 B이면서 최근 6개월 동안 다음의 합병증 중 하나 이상을 보이는 사람 1) 난치성 복수, 2) 간성뇌증 2회 이상, 3) 간신증후군, 4) 정맥류 출혈, 5) 자발성 세균성 복막염
장애의 정도가 심하지 않은 장애인	1. 간을 이식받은 사람

13. 안면장애 판정기준

장애정도	장애상태
장애의 정도가 심한 장애인	1. 노출된 안면부의 90% 이상의 변형이 있는 사람 2. 노출된 안면부의 60% 이상의 변형이 있고 코 형태의 2/3 이상이 없어진 사람 3. 노출된 안면부의 75% 이상의 변형이 있는 사람 4. 노출된 안면부의 50% 이상의 변형이 있고 코 형태의 2/3 이상이 없어진 사람
장애의 정도가 심하지 않은 장애인	1. 노출된 안면부의 60% 이상의 변형이 있는 사람 2. 코 형태의 2/3 이상이 없어진 사람 3. 노출된 안면부의 45% 이상 변형이 있고 코 형태의 1/3 이상이 없어진 사람 4. 노출된 안면부의 45% 이상이 변형된 사람 5. 코 형태의 1/3 이상이 없어진 사람 6. 노출된 안면부의 45% 이상에 백반증이 있는 사람 7. 노출된 안면부의 30% 이상이 변형된 사람

14. 장루 · 요루장애 판정기준

장애정도	장애상태
장애의 정도가 심한 장애인	1. 장루와 함께 요루 또는 방광루를 가지고 있으며, 그중 하나 이상의 루에 합병증으로 장피누공 또는 배뇨기능장애가 있는 사람 2. 장루 또는 요루를 가지고 있으며, 합병증으로 장피누공과 배뇨기능장애가 모두 있는 사람 3. 배변을 위한 말단 공장루를 가지고 있는 사람 4. 장루와 함께 요루 또는 방광루를 가지고 있는 사람 5. 장루 또는 요루를 가지고 있으며, 합병증으로 장피누공 또는 배뇨기능장애가 있는 사람
장애의 정도가 심하지 않은 장애인	1. 장루 또는 요루를 가진 사람 2. 방광루를 가지고 있으며, 합병증으로 장피누공이 있는 사람 3. 방광루를 가진 사람

※ 선행성 관장루를 시행한 경우 '방광루를 가진 사람(장애의 정도가 심하지 않은 장애인)'으로 준용한다.

※ 코크파우치, 미트라파노프 수술을 시행한 경우 '장루 또는 요루를 가진 사람(장애의 정도가 심하지 않은 장애인)'으로 준용한다.

※ 단, 선행성 관장루를 가지고 있고 코크파우치 또는 미트라파노프 수술을 시행한 경우 '장루 또는 요루를 가진 사람(장애의 정도가 심하지 않은 장애인)'으로 준용한다.

15. 뇌전증장애 판정기준

15-1. 성인(만 18세 이상)

장애정도	장애상태
장애의 정도가 심한 장애인	1. 만성적인 뇌전증에 대한 적극적인 치료에도 불구하고 월 8회 이상의 중증발작이 연 6회 이상 있고, 발작을 할 때에 유발된 호흡장애, 흡인성 폐렴, 심한 탈진, 두통, 구역, 인지기능의 장애 등으로 심각한 요양관리가 필요하며, 일상생활 및 사회생활에 항상 타인의 지속적인 보호와 관리가 필요한 사람 2. 만성적인 뇌전증에 대한 적극적인 치료에도 불구하고 월 5회 이상의 중증발작 또는 월 10회 이상의 경증발작이 연 6회 이상 있고, 발작을 할 때에 유발된 호흡장애, 흡인성 폐렴, 심한 탈진, 두통, 구역, 인지기능 장애 등으로 요양관리가 필요하며 일상생활 및 사회생활에 수시로 보호와 관리가 필요한 사람

장애정도	장애상태
장애의 정도가 심하지 않은 장애인	1. 만성적인 뇌전증에 대한 적극적인 치료에도 불구하고 월 1회 이상의 중증발작 또는 월 2회 이상의 경증발작이 연 6회 이상 있고, 이로 인하여 협조적인 대인관계가 곤란한 사람 2. 만성적인 뇌전증에 대한 적극적인 치료에도 불구하고 월 1회 이상의 중증발작 또는 월 2회 이상의 경증발작이 연 3회 이상 있고, 이로 인하여 협조적인 대인관계가 곤란한 사람

15-2. 소아청소년(만 18세 미만)

장애정도	장애상태
장애의 정도가 심한 장애인	1. 전신발작은 1개월에 8회 이상의 발작이 있는 사람 (다만, 결신발작과 근간대성발작의 경우는 아래 참고와 같이 평가) 2. 신체의 손상을 초래할 수 있는 경우로 넘어지면서 머리가 먼저 바닥에 떨어지는 발작(head drop, falling attack)은 1개월에 4회 이상의 발작이 있는 사람 3. 영아연축(Infantile spasm), 레녹스-가스토 증후군 (Lennox-Gastaut syndrome) 등과 같은 뇌전증성 뇌병증 (epileptic encephalopathy)은 1개월에 4회 이상의 발작이 있는 사람 4. 근간대성발작(myoclonic seizure)이 중하여(severe) 자주 넘어져 다칠 수 있는 경우(falling attack을 초래하는 경우)는 1개월에 4회 이상의 발작이 있는 사람 5. 전신발작은 1개월에 4~7회의 발작이 있는 사람 6. 신체의 손상을 초래할 수 있는 경우로 넘어지면서 머리가 먼저 바닥에 떨어지는 발작(head drop, falling attack)은 1개월에 1~3회의 발작이 있는 사람 7. 영아연축(Infantile spasm), 레녹스-가스토 증후군(Lennox-Gastaut syndrome) 등과 같은 뇌전증성 뇌병증 (epileptic encephalopathy)은 1개월에 1~3회의 발작이 있는 사람 8. 근간대성발작(myoclonic seizure)이 중하여(severe) 자주 넘어져 다칠 수 있는 경우(falling attack을 초래하는 경우)는 1개월에 1~3회의 발작이 있는 사람 9. 부분발작은 1개월에 10회 이상의 발작이 있는 사람
장애의 정도가 심하지 않은 장애인	1. 전신발작은 1개월에 1~3회의 발작이 있는 사람 2. 신체의 손상을 초래할 수 있는 경우로 넘어지면서 머리가 먼저 바닥에 떨어지는 발작(head drop, falling attack)은 6개월에 1~5회의 발작이 있는 사람 3. 영아연축(Infantile spasm), 레녹스-가스토 증후군(Lennox-Gastaut syndrome) 등과 같은 뇌전증성 뇌병증 (epileptic encephalopathy)은 6개월에 1~5회의 발작이 있는 사람 4. 근간대성발작(myoclonic seizure)이 중하여(severe) 자주 넘어져 다칠 수 있는 경우(falling attack을 초래하는 경우)는 6개월에 1~5회의 발작이 있는 사람 5. 부분발작은 1개월에 1~9회의 발작이 있는 사람

부록 3.

편의시설 설치 대상시설

「장애인·노인·임산부 등의 편의증진 보장에 관한 법률」시행령에서 제시하고 있는 편의시설을 설치하여야 하는 구체적인 시설들을 보면 다음과 같다.

1) 공원

2) 공공건물 및 공중이용시설

(1) 제1종 근린생활시설

① 수퍼마켓·일용품(식품·잡화·의류·완구·서적·건축자재·의약품·의료기기 등) 등의 소매점 (바닥면적 합계 300m² 이상 1,000천m² 미만)

② 이용원·미용원·목욕장 (바닥면적 합계 500m² 이상)

③ 지역자치센터, 파출소, 지구대, 우체국, 보건소, 공공도서관, 국민건강보험공단·국민연금공단·한국장애인고용공단·근로복지공단의 지사, 이와 유사한 용도의 시설 (바닥면적 합계 1천m^2미만)

④ 대피소

⑤ 공중화장실

⑥ 의원·치과의원·한의원·조산소(산후조리원 포함) (바닥면적 합계 500m^2 이상)

⑦ 지역아동센터 (바닥면적 합계 300m^2 이상)

(2) 제2종 근린생활시설

① 일반음식점(바닥면적 합계 300m^2 이상)

② 휴게음식점·제과점(제1종 근린생활시설에 해당하지 않고 바닥면적 합계 300m^2 이상)

③ 안마시술소(바닥면적 합계 500m^2 이상)

(3) 문화 및 집회시설

① 공연장(극장·영화관·연예장·음악당·서어커스장 등)(바닥면적 합계 300m^2 이상)

② 집회장(예식장·공회장·회의장 등) (바닥면적 합계 500m^2 이상)

③ 관람장(경마장·자동차 경주장 등)

④ 전시장(박물관·미술관·과학관·기념관·산업전시장·박람회장 등) (바닥면적 합계 500m^2 이상)

⑤ 동·식물원(동물원·식물원·수족관 등) (바닥면적 합계 300m^2 이상)

(4) 종교시설

종교집회장(교회·성당·사찰·기도원 기타 이와 유사한 것) (바닥면적 합계 500m^2 이상)

(5) 판매시설

도매시장·소매시장·상점 (바닥면적 합계 1천m^2 이상)

(6) 의료시설

① 병원(종합병원·병원·치과병원·한방병원·정신병원 및 요양병원)

② 격리병원(전염병원·마약진료소 등)

(7) 교육연구시설 (제2종 근린생활시설에 해당하는 것 제외)

① 학교(유치원·초등학교·중학교·고등학교·전문대학·대학교, 등)

② 교육원(연수원 기타 이와 유사한 것을 포함한다)·직업훈련소·학원(자동차학원과 무도학원 제외) 등 (바닥면적 합계 500m² 이상)

③ 도서관(바닥면적 합계 1천m² 이상)

(8) 노유자시설

① 아동관련 시설(어린이집·아동복지시설, 등으로 제1종 근린생활시설이 아닌 것)

② 노인복지시설 및 장애인복지시설

③ 그 밖에 다른 용도로 분류되지 아니한 사회복지시설

(9) 수련시설

① 생활권수련시설(청소년수련관·청소년문화의 집·유스호스텔 등)

② 자연권수련시설(청소년수련원·청소년야영장, 등)

(10) 운동시설 (바닥면적 합계 500m² 이상에 한함)

① 체육관

② 운동장(육상·구기·볼링·수영·스케이트·로울러스케이트·승마·사격·궁도·골프 등의 운동장)과 운동장에 부수되는 건축물

(11) 업무시설

① 공공 업무시설 중 국가나 지방자치단체 청사. (제1종 근린생활시설이 아닌 것)

② 일반 업무시설로 금융업소·사무소·신문사·오피스텔 등(바닥면적 합계 500m² 이상)

③ 일반 업무시설로 국민건강보험공단·국민연금공단·한국장애인고용공단·근로복지공단 및 그 지사(바닥면적 합계 1천m² 이상)

(12) 숙박시설

① 일반숙박시설 (호텔 및 여관으로 객실수 30실 이상인 시설)

② 관광숙박시설(관광호텔·수상관광호텔·한국전통호텔·가족호텔 및 휴양콘도미니엄)

(13) 공장

물품의 제조·가공(염색·도장·표백·재봉·건조·인쇄 등을 포함) 또는 수리에 계속적으로 이용되는 건출물로 「장애인고용촉진 및 직업재활법」에 따라 장애인 고용의무가 있는 사업주가 운영하는 시설

(14) 자동차관련시설

① 주차장

② 운전학원

(15) 교정시설

교도소 및 구치소

(16) 방송통신시설

방송국·전신전화국 등 (바닥면적 합계 1천m^2 이상)

(17) 묘지관련시설

① 화장시설

② 봉안당(종교시설 제외)

(18) 관광휴게시설

① 야외음악당·야외극장·어린이회관 등(바닥면적 합계 1천m^2 이상)

② 휴게소(바닥면적 합계 300m^2 이상)

(19) 장례식장

[의료시설의 부수시설(「의료법」제36조 제1호에 따른 의료기관의 종류에 따른 시설)에 해당하는 것은 제외] (바닥면적 합계 500m^2 이상)

3) 공동주택

① 아파트

② 연립주택(세대수가 10세대 이상인 주택에 한함)

③ 다세대주택(세대수가 10세대 이상인 주택에 한함)

④ 기숙사 (학교 또는 공장 등의 학생 또는 종업원 등을 위하여 사용되는 것으로서 공동취사 등을 할 수 있는 구조이되, 독립된 주거의 형태를 갖추지 않은 것으로 30인 이상이 기숙하는 시설에 한함).

4) 통신시설

① 공중전화

② 우체통

부록 4.

대상시설별 편의시설의 종류 및 설치기준

시행령에서 규정하고 있는 편의시설의 종류별 설치기준을 보면 다음과 같다.

1) 공원

(1) 장애인 등의 출입이 가능한 출입구
공원 외부에서 내부로 이르는 출입구는 주출입구를 포함하여 적어도 하나 이상을 장애인 등의 출입이 가능하도록 유효폭·형태 및 부착물 등을 고려하여 설치하여야 한다.

(2) 장애인등의 통행이 가능한 보도
공원시설(공중이 직접 이용하는 시설에 한함)에 접근할 수 있는 공원안의 보도 중 적어도 하나는 장애인 등이 통행할 수 있도록 유효폭·기울기와 바닥의 재질 및 마감 등을 고려하여 설치하여야 한다.

(3) 장애인 등의 이용이 가능한 화장실

장애인 등이 편리하게 이용할 수 있도록 구조, 바닥의 재질 및 마감과 부착물 등을 고려하여 설치하되, 장애인용 대변기는 남자용 및 여자용 각 1개 이상을 설치하여야 하며, 영유아용 거치대 등 임산부 및 영유아가 안전하고 편리하게 이용할 수 있는 시설을 구비하여 설치하여야 한다.

(4) 점자블록

공원과 도로 또는 교통시설을 연결하는 보도에는 점자블록을 설치하여야 한다.

(5) 시각장애인 유도 및 안내설비

시각장애인의 공원이용 편의를 위하여 공원의 주출입구 부근에 점자안내판·촉지도식 안내판·음성안내장치 또는 기타 유도신호장치를 설치할 수 있다.

(6) 장애인등의 이용이 가능한 매표소·판매기 또는 음료대

매표소(장애인 등의 이용이 가능한 자동발매기를 설치한 경우와 시설관리자 등으로부터 별도의 상시서비스가 제공되는 경우 제외)·판매기 및 음료대는 장애인 등이 편리하게 이용할 수 있도록 형태·규격 및 부착물 등을 고려하여 설치하여야 한다. 단, 동일한 장소에 2곳 또는 2대 이상을 각각 설치하는 경우에는 그 중 1곳 또는 1대만을 장애인 등의 이용을 고려하여 설치할 수 있다.

(7) 장애인 등의 이용이 가능한 공원시설

① 「자연공원법」 제2조 제10호에 따른 공원시설과 「도시공원 및 녹지 등에 관한 법률」제2조 제4호에 따른 공원시설에 대하여는 공원시설의 종류에 따라 제3호 및 제6호에 따른 공공건물 및 공중이용시설과 통신시설의 설치기준을 각각 적용한다.

② 공원의 효용증진을 위하여 설치하는 주차장에는 장애인전용 주차구역을 주차장법령이 정하는 설치기준에 따라 구분·설치하여야 한다.

2) 공공건물 및 공중이용시설

(1) 일반사항

① 장애인 등의 통행이 가능한 접근로

㉠ 대상시설 외부에서 건축물의 주출입구에 이르는 접근로는 장애인 등이 안전하고 편리하게 통행할 수 있도록 유효폭·기울기와 바닥의 재질 및 마감 등을 고려하여 설치하여야 한다.

㉡ 접근로를 ㉠의 주출입구에 연결하여 시공하는 것이 구조적으로 곤란하거나 주출입구보다 부출입구가 장애인 등의 이용에 편리하고 안전한 경우에는 주출입구 대신 부출입구에 연결하여 접근로를 설치할 수 있다.

② 장애인전용 주차구역

㉠ 부설주차장에는 장애인전용 주차구역을 주차장 법령이 정하는 설치비율에 따라 장애인의 이용이 편리한 위치에 구분·설치하여야 한다. 단, 부설주차장의 주차대수가 10대 미만인 경우를 제외하며, 산정된 장애인 전용 주차구역의 주차대수 중 소수점 이하의 끝수는 이를 1대로 본다.

㉡ 자동차 관련시설 중 특별시장·광역시장·시장·군수 또는 구청장이 설치하는 노외주차장에는 장애인전용 주차구역을 주차장법령이 정하는 설치기준에 따라 장애인의 이용이 편리한 위치에 구분·설치하여야 한다.

③ 높이차이가 제거된 건축물 출입구

㉠ 건축물의 주출입구와 통로에 높이차이가 있는 경우에는 턱 낮추기를 하거나 휠체어 리프트 또는 경사로를 설치하여야 한다.

㉡ ㉠의 주출입구의 높이 차이를 없애는 것이 구조적으로 곤란하거나 주출입구보다 부출입구가 장애인등의 이용에 편리하고 안전한 경우에는 주출입구 대신 부출입구의 높이 차이를 없앨 수 있다.

④ 장애인등의 출입이 가능한 출입구 등

㉠ 건축물의 주출입구와 건축물 안의 공중의 이용을 주목적으로 하는 사무실 등의 출입구(문) 중 적어도 하나는 장애인등의 출입이 가능하도록 유효폭·형태 및 부착물 등을 고려하여 설치하여야 한다. 이 경우 제7조의 2 제6호에 따른 국가 또는 지방자치단체의 청사(공중이 직접 이용하는 시설만 해당) 중 「건축법 시행령」 별표 1 제3호에 따른 제1종 근린생활시설

에 해당하지 아니하는 시설의 경우에는 장애인 등의 출입이 가능하도록 설치하는 출입구를 자동문 형태로 하여야 한다.

㉡ 교통시설의 승강장에 이르는 개찰구중 적어도 하나는 장애인등의 출입이 가능하도록 너비 등을 고려하여 편리한 구조로 설치하여야 한다.

⑤ 장애인등의 통행이 가능한 복도 등

㉠ 복도는 장애인등의 통행이 가능하도록 유효폭, 바닥의 재질 및 마감과 부착물 등을 고려하여 설치하여야 한다.

㉡ 교통시설의 주출입구로부터 대합실 및 승강장에 이르는 통로는 유효폭, 바닥의 재질 및 마감과 부착물 등을 고려하여 설치하여야 한다.

⑥ 장애인등의 통행이 가능한 계단, 장애인용 승강기, 장애인용 에스컬레이터, 휠체어리프트, 경사로 또는 승강장

㉠ 장애인 등이 건축물의 1개 층에서 다른 층으로 편리하게 이동할 수 있도록 그 이용에 편리한 구조로 계단을 설치하거나 장애인용 승강기, 장애인용 에스컬레이터, 휠체어리프트 또는 경사로를 1대 또는 1곳 이상 설치하여야 한다. 다만, 장애인등이 이용하는 시설이 1층에만 있는 경우에는 그러하지 아니하다.

㉡ ㉠의 건축물 중 6층 이상의 연면적이 2천m^2 이상인 건축물(층수가 6층인 건축물로서 각층 거실의 바닥면적 300m^2 이내마다 1개소 이상의 직통계단을 설치한 경우는 제외)에 근린공공시설, 노유자 시설 중 노인복지시설 및 장애인복지시설, 의료시설, 교육연구시설 중 학교 및 도서관, 공공업무시설, 숙박시설, 판매시설, 문화 및 집회시설 중 공연장·관람장·전시장, 방송통신시설 중 방송국, 수련시설이 있는 경우에는 장애인용 승강기, 장애인용 에스컬레이터, 휠체어리프트 또는 경사로를 1대 또는 1곳 이상 설치하여야 한다.

㉢ 층수가 2층 이상인 교통시설에는 장애인등이 주출입구로부터 대합실 및 승강장이 있는 층까지 편리하게 이동할 수 있도록 장애인용 승강기, 장애인용 에스컬레이터, 휠체어리프트 또는 경사로를 1대 또는 1곳 이상 설치하여야 한다.

㉣ 교통시설의 승강장은 장애인등이 안전하게 승·하차할 수 있도록 기울기, 바닥의 재질 및 마감과 차량과의 간격 등을 고려하여 설치하여야 한다.

㉤ 교통시설 중 택시 승강장과 차도의 경계에 높이차이가 있는 때에는 턱 낮추기를 하거나 연석 경사로를 설치하여야 한다.

⑦ 장애인 등의 이용이 가능한 화장실

장애인 등이 편리하게 이용할 수 있도록 구조, 바닥의 재질 및 마감과 부착물 등을 고려하여 설치하되, 장애인용 대변기는 남자용 및 여자용 각 1개 이상을 설치하여야 하며, 영유아용 거치대 등 임산부 및 영유아가 안전하고 편리하게 이용할 수 있는 시설을 구비하여 설치하여야 한다.

⑧ 장애인 등의 이용이 가능한 욕실

욕실은 1개실 이상을 장애인 등이 편리하게 이용할 수 있도록 구조, 바닥의 재질 및 마감과 부착물 등을 고려하여 설치하여야 한다.

⑨ 장애인 등의 이용이 가능한 샤워실 및 탈의실

샤워실 및 탈의실은 1개 이상을 장애인 등이 편리하게 이용할 수 있도록 구조, 바닥의 재질 및 마감과 부착물 등을 고려하여 설치하여야 한다.

⑩ 점자블록

건축물의 주출입구와 도로 또는 교통시설을 연결하는 보도에는 점자블록을 설치하여야 한다.

⑪ 시각 및 청각장애인 유도·안내설비

㉠ 시각장애인의 시설이용 편의를 위하여 건축물의 주출입구 부근에 점자안내판, 촉지도식 안내판, 음성안내장치 또는 그 밖의 유도신호장치를 점자블록과 연계하여 1개 이상 설치하여야 한다.

㉡ 공원·근린공공시설·장애인복지시설·교육연구시설·공공업무시설, 시각장애인 밀집 거주지역등 시각장애인의 이용이 많거나 타당성이 있는 설치요구가 있는 곳에는 교통신호기가 설치되어 있는 횡단보도에 시각장애인을 위한 음향신호기를 설치하여야 한다.

㉢ 청각장애인의 시설이용 편의를 위하여 청각장애인 등의 이용이 많은 곳에는 전자문자 안내판 또는 기타 전자문자 안내설비를 설치하여야 한다.

⑫ 시각 및 청각장애인 경보·피난설비

㉠ 시각 및 청각장애인등이 위급한 상황에 대피할 수 있도록 청각장애인용 피난구유도등·통로유도등 및 시각장애인용 경보설비 등을 설치하여야 한다.

㉡ 교통시설의 승강장에서 장애인 등이 추락할 우려가 있는 경우에는 난간 등 추락방지설비를 갖추어야 한다.

⑬ 장애인등의 이용이 가능한 객실 또는 침실

기숙사 및 숙박시설 등의 전체 침실수 또는 객실의 1% 이상(숙박시설은 0.5퍼센트 이상)은 장애인등이 편리하게 이용할 수 있도록 구조, 바닥의 재질 및 마감과 부착물 등을 고려하여 설치하되, 산정된 객실 또는 침실수 중 소수점 이하의 끝수는 이를 1실로 본다.

⑭ 장애인 등의 이용이 가능한 관람석 또는 열람석

관람장 및 도서관등의 전체 관람석 또는 열람석수의 1% 이상(전체 관람석 또는 열람석수가 2천석 이상인 경우에는 20석 이상)은 장애인등이 편리하게 이용할 수 있도록 구조 등을 고려하여 설치하되, 산정된 관람석 또는 열람석수 중 소수점 이하의 끝수는 이를 1석으로 본다.

⑮ 장애인 등의 이용이 가능한 접수대 또는 작업대

지역자치센터 및 장애인복지시설 등의 접수대 또는 작업대는 장애인등이 편리하게 이용할 수 있도록 형태·규격 등을 고려하여 설치하여야 한다. 다만, 동일한 장소에 각각 2대 이상을 설치하는 경우에는 그 중 1대만을 장애인 등의 이용을 고려하여 설치할 수 있다.

⑯ 장애인 등의 이용이 가능한 매표소·판매기 또는 음료대

교통시설 등의 매표소(장애인 등의 이용이 가능한 자동발매기를 설치한 경우와 시설관리자 등으로부터 별도의 상시서비스가 제공되는 경우 제외)·판매기 및 음료대는 장애인등이 편리하게 이용할 수 있도록 형태·규격 및 부착물 등을 고려하여 설치하여야 한다. 다만, 동일한 장소에 2곳 또는 2대 이상을 각각 설치하는 경우에는 그 중 1곳 또는 1대만을 장애인 등의 이용을 고려하여 설치할 수 있다.

⑰ 임산부 등을 위한 휴게시설 등

임산부와 영유아가 편리하고 안전하게 휴식을 취할 수 있도록 구조와 재질 등을 고려하여 휴게시설을 설치하고, 휴게시설 내에는 모유수유를 위한 별도의 장소를 마련하여야 한다.

3) 공동주택

(1) 일반 사항

① 장애인 등의 통행이 가능한 접근로

㉠ 대상시설 외부에서 건축물의 주출입구에 이르는 접근로는 장애인 등이 안전하고 편리하게 통행할 수 있도록 유효폭·기울기와 바닥의 재질 및 마감 등을 고려하여 설치하여야 한다.

㉡ 접근로를 ㉠의 주출입구에 연결하여 시공하는 것이 구조적으로 곤란하거나 주출입구보다 부출입구가 장애인 등의 이용에 편리하고 안전한 경우에는 주출입구 대신 부출입구에 연결하여 접근로를 설치할 수 있다.

② 장애인전용주차구역

㉠ 부설주차장에는 장애인전용 주차구역을 주차장법령이 정하는 설치비율에 따라 장애인의 이용이 편리한 위치에 구분·설치하여야 한다. 단, 부설주차장의 주차대수가 10대 미만인 경우는 제외하며, 산정된 장애인전용 주차구역의 주차대수 중 소수점 이하의 끝수는 이를 1대로 본다.

㉡ 장애인전용 주차구역은 입주한 장애인 가구의 동별 거주현황 등을 고려하여 설치한다.

③ 높이차이가 제거된 건축물 출입구

㉠ 건축물의 주출입구와 통로에 높이차이가 있는 경우에는 턱 낮추기를 하거나 휠체어 리프트 또는 경사로를 설치하여야 한다.

㉡ ㉠의 주출입구의 높이 차이를 없애는 것이 구조적으로 곤란하거나 주출입구보다 부출입구가 장애인등의 이용에 편리하고 안전한 경우에는 주출입구 대신 부출입구의 높이 차이를 없앨 수 있다.

④ 장애인 등의 출입이 가능한 출입구(문)

㉠ 건축물의 주출입구는 장애인등의 출입이 가능하도록 유효폭·형태 및 부착물 등을 고려하여 설치하여야 한다.

㉡ 장애인전용 주택의 세대내 출입문은 장애인 등의 출입이 가능하도록 유효폭·형태 및 부착물 등을 고려하여 설치할 수 있다.

⑤ 장애인 등의 통행이 가능한 복도

복도는 장애인 등의 통행이 가능하도록 유효폭, 바닥의 재질 및 마감과 부착물 등을 고려하여 설치할 수 있다.

⑥ 장애인 등의 통행이 가능한 계단·장애인용 승강기, 장애인용 에스컬레이터, 휠체어리프트 또는 경사로

아파트는 장애인 등이 건축물의 1개 층에서 다른 층으로 편리하게 이동할 수 있도록 그 이용에 편리한 구조로 계단을 설치하거나 장애인용 승강기, 장애인용 에스컬레이터, 휠체어 리프트 또는 경사로를 1대 또는 1곳 이상 설치하여야 한다.

⑦ 장애인 등의 이용이 가능한 화장실 및 욕실

장애인전용 주택의 화장실 및 욕실은 장애인등이 편리하게 이용할 수 있도록 구조, 바닥의 재질 및 마감과 부착물 등을 고려하여 설치할 수 있다.

⑧ 점자블록

시각장애인을 위한 장애인전용 주택의 주출입구와 도로 또는 교통시설을 연결하는 보도에는 점자블록을 설치할 수 있다.

⑨ 시각 및 청각장애인 경보·피난설비

시각 및 청각장애인을 위한 장애인전용 주택에는 위급한 상황에 대피할 수 있도록 청각장애인용 피난구유도등·통로유도등 및 시각장애인용 경보설비 등을 설치할 수 있다.

⑩장애인 등의 이용이 가능한 부대시설 및 복리시설

㉠「주택법」 제2조 제6호에 따른 주택단지안의 관리사무소·경로당·의원·치과의원·한의원·조산소·약국·목욕장·슈퍼마켓, 일용품 등의 소매점, 일반음식점·휴게음식점·제과점·학원·금융업소·사무소 또는 사회복지관이 있는 건축물에 대하여는 제3호 가목(1), (3) 내지 (7)의 규정을 적용한다. 다만, 당해 주택단지에 건설하는 주택의 총세대수가 300세대 미만인 경우에는 그러하지 아니하다.

㉡「주택법」 제2조제8호 또는 제9호에 따른 부대시설 및 복리시설 중 (가)에 따른 시설을 제외한 시설(별표 1 제2호 및 제4호에 따른 편의시설 설치대상시설에 해당하는 경우로 한정)에 대해서는 용도 및 규모에 따라 별표 1 제2호 및 제4호에 따른 공공건물·공중이용시설 및 통신시설의 설치기준을 각각 적용한다.

부록 5.

휠체어 등을 비치하여야 하는 공공건물 및 공중이용시설의 범위와 비치용품의 종류

대상시설		비치용품	
		의무용품	권장용품
제1종 근린 생활시설	읍·면·동사무소	점자업무안내책자, 8배율이상의 확대경, 공중모사전송기 및 보청기기	편의시설안내지도
	우체국, 전신전화국	8배율이상의 확대경, 공중모사전송기 및 보청기기	점자업무안내책자
	공공도서관	보청기기	저시력용 독서기
문화 및 집회시설	공연장, 관람장	보청기기	점자공연안내책자
	전시장, 동·식물원		휠체어 및 점자전시 안내책자
판매시설	바닥면적의 합계가 1천m^2 이상인 도·소매점		음성계산기
교육연구시설	도서관	저시력용 독서기, 음성지원 컴퓨터 및 보청기기	점자프린터, 컴퓨터 (정보통신 보조기기 포함)
업무시설	국가 또는 지방자치단체의 청사(공중이 직접 이용하는 시설에 한함)로서 제1종 근린생활시설에 해당하지 아니하는 것	점자업무안내책자(시·군·구청에 한함), 휠체어, 8배율 이상의 확대경, 공중모사전송기 및 보청기기	점자업무안내책자, 편의시설안내지도, 컴퓨터(정보통신 보조기기 포함)
숙박시설	관광숙박시설		점자관광안내책자

* 비고

1. 비치용품은 출입구부근, 민원실, 안내실, 매표소 등 장애인 등이 이용하기 편리한 곳에 각각 비치하여야 하며, 공중모사전송기는 사무용 모사전송기로 갈음하여 사용할 수 있다.
2. "보청기기"는 보청기, 조청기 또는 강연청취용보조기 등을 말한다.

부록 6.

장애물 없는 생활환경 인증 의무 시설

시행령에서 규정한 인증 의무시설은 다음과 같다.

(1) 제1종 근린생활시설

- 식품·잡화·의류·완구·서적·건축자재·의약품·의료기기 등 일용품을 판매하는 등의 소매점, 이용원·미용원·목욕장
- 지역자치센터, 파출소, 지구대, 우체국, 보건소, 공공도서관, 국민건강보험공단·국민연금공단·한국장애인고용공단·근로복지공단의 사무소, 등
- 대피소
- 공중화장실
- 의원·치과의원·한의원·조산원·산후조리원
- 지역아동센터

(2) 제2종 근린생활시설

- 일반음식점, 휴게음식점·제과점 등 음료·차(茶)·음식·빵·떡·과자 등을 조리하거나 제조하여 판매하는 시설
- 안마시술소

(3) 문화 및 집회시설

- 공연장 및 관람장
- 집회장
- 전시장
- 동·식물원

(4) 종교시설

- 종교집회장

(5) 판매시설

- 도매시장·소매시장·상점

(6) 의료시설

- 병원, 격리병원

(7) 교육연구시설

- 아동 관련 시설
- 노인복지시설
- 사회복지시설(장애인복지시설 포함)

(8) 수련시설

- 생활권 수련시설, 자연권 수련시설

(9) 운동시설

- 체육관, 운동장과 운동장에 부수되는 건축물

(10) 업무시설

- 국가 또는 지방자치단체의 청사
- 금융업소, 사무소, 결혼상담소 등 소개업소, 출판사, 신문사, 오피스텔, 등
- 국민건강보험공단·국민연금공단·한국장애인고용공단·근로복지공단의 사무소

(11) 숙박시설

- 일반 숙박시설 (호텔, 여관으로서 객실 수가 30실 이상인 시설)
- 관광 숙박시설, 등

(12) 공장

- 물품의 제조·가공[염색·도장(塗裝)·표백·재봉·건조·인쇄 등 포함] 또는 수리에 계속적으로 이용되는 건물로서 「장애인고용촉진 및 직업재활법」에 따라 장애인고용의무가 있는 사업주가 운영하는 시설

(13) 자동차 관련 시설

- 주차장
- 운전학원(운전 관련 직업훈련시설 포함)

(14) 방송통신시설

- 방송국, 등
- 전신전화국, 등

(15) 교정 시설

- 보호감호소·교도소·구치소, 갱생보호시설, 그 밖에 범죄자의 갱생·보육·교육·보건 등의 용도로 쓰이는 시설, 소년원, 소년분류 심사원

(16) 묘지 관련 시설

- 화장시설, 봉안당

(17) 관광 휴게시설

- 야외음악당, 야외극장, 어린이회관, 그 밖에 이와 유사한 용도의 시설
- 휴게소

(18) 장례식장

- 의료시설의 부수시설(「의료법」제36조 제1호에 따른 의료기관의 종류에 따른 시설)에 해당하는 것은 제외.

부록

참고문헌

1. 대한민국 법원 종합법률정보.「장애인·노인·임산부 등의 편의증진 보장에 관한 법률」
2. 보건복지부 (2023). 2022년 등록장애인 현황 통계.
3. 보건복지부 & 한국보건사회연구원 (2020). 2020년 장애인 실태조사.
4. 오승연, 김석영, & 이선주. (2018). 장애인의 위험보장 강화 방안. KIRI 보험연구원.
5. 이연숙 (2005). (21세기 환경 및 제품디자인 이론과 실제) 유니버설 디자인, 연세대학교 출판부.
6. 통계청 (2021). 장래인구추계: 2020-2070년.
7. 한국장애인개발원(2014). 장애인 · 노인 · 임산부 등의 편의증진 보장에 관한 법령집.

1. Connell, B., Jones, M., Mace, R., Mueller, J., Mullick, A., Ostroff, E., Sanford, J., Steinfeld, E., Story, M., & Vanderheiden, G. (1997). The Principles of Universal Design, Version 2.0, Raleigh, NC: Center for Universal Design, North Carolina State University.
2. Erlandson, R. F. (2008). Universal and Accessible Design for Products, Services, and Processes, Taylor & Francis Group.
3. Hutchings, B. L. & Olsen, R. V. (2010). A School for Everyone. Presenting at UD Summit 4.
4. Null, R. L., & Cherry, K. F. (1996). Universal Design: Creative Solutions for ADA Compliance Professional Publications.
5. Sanford, J. A. (2012). Universal Design as a Rehabilitation Strategy: Design for the Ages. Springer Publishing Company.
6. Steinfeld, E. & Tauke, B. (2002). 2.1 Universal Designing. In Christophersen, J. (Ed.), Universal design: 17 Ways of Thinking and Teaching, Husbanken.
7. Steinfeld, E. & Maisel, J. L. (2012). Universal Design: Creating Inclusive Environments. John Wiley & Sons.

1. https://design.ncsu.edu/research/center-for-universal-design
2. https://glaw.scourt.go.kr
3. https://www.hermanmiller.com
4. https://www.hewi.com
5. https://www.oxo.com
6. https://www.udinstitute.org/ud-history
7. https://www.washington.edu/doit/universal-design-process-principles-and-applications

공간환경과 유니버설 디자인

초판인쇄 | 2024년 8월 27일
초판발행 | 2024년 9월 10일

저　　자 | 오찬옥·김민경 공저
발 행 인 | 이성범
발 행 처 | 문운당
주　　소 | 서울시 종로구 혜화로5길 16(명륜1가 45-3)
전　　화 | (02)762-6010
팩　　스 | 영업 (02)745-0265 / 편집 (02)762-8758
이 메 일 | 영업 munun2@daum.net
편집 munundang@naver.com
홈페이지 | http://munundang.co.kr

ISBN 979-11-5692-701-3 93540

정가 26,000원